舌尖上的四季菜

秋的菜

夏志强/编著

经济管理出版社
ECONOMY & MANAGEMENT PUBLISHING HOUSE

图书在版编目（CIP）数据

舌尖上的四季菜——秋的菜／夏志强编著．—北京：经济管理出版社，2013.5
ISBN 978-7-5096-2435-7

Ⅰ.①舌⋯ Ⅱ.①夏⋯ Ⅲ.①中式菜肴—菜谱 Ⅳ.① TS972.182

中国版本图书馆 CIP 数据核字（2013）第 080479 号

组稿编辑：张　马
责任编辑：张　马
责任印制：黄　铄
责任校对：超　凡

出版发行：经济管理出版社
　　　　　（北京市海淀区北蜂窝 8 号中雅大厦 A 座 11 层　100038）
网　　　址：www.E-mp.com.cn
电　　　话：(010)51915602
印　　　刷：北京鲁汇荣彩印刷有限公司
经　　　销：新华书店
开　　　本：787mm×1092mm/16
印　　　张：12
字　　　数：120 千字
版　　　次：2013 年 7 月第 1 版　2013 年 7 月第 1 次印刷
书　　　号：ISBN 978-7-5096-2435-7
定　　　价：28.00 元

目　录

第一节　秋季最合时宜的家常菜谱

第二节　秋季常用营养汤

第三节　食物的五色及四性五味

第四节　秋季的进补佳品菜

第一节　秋季最合时宜的家常菜谱

小技巧

1. 煮螃蟹时要冷水下锅，否则蟹脚易脱落。

2. 豆腐焯水时要养在热水中，不易起孔。

蟹黄豆腐

【材料】

活螃蟹 2 只（400 克），嫩豆腐 2 块（500 克），绍酒 10 克，精盐 3 克，味精 1 克，鸡汤 300 克，葱 5 克，生姜 3 克，水淀粉 15 克，胡椒粉 0.5 克，精制菜油 50 克。

【做法】

1. 将活螃蟹用刷子洗净放入锅内，加冷水煮沸至成熟，捞出凉透，剔出蟹肉蟹黄，放入盛器中。

2. 豆腐用刀切成 1.5 厘米的小方丁，用水煮沸离火，养在热水中，葱姜洗净分别斩成细沫。

3. 炒锅上火烧热，放入油烧至六成热时，将葱姜投入油中略煸，倒入蟹黄蟹肉，加入绍酒炒拌变香，再倒入鸡汤，放入焯水后的豆腐烧沸，用水淀粉勾芡，淋上少量油，出锅装汤碗，撒上胡椒粉即成。

凉拌油条黄瓜

【材料】

油条 1 根，黄瓜 1 根，香菜 1 小把，辣椒油，醋，生抽，盐，香油，鸡精。

【做法】

1. 黄瓜洗净，用刀拍扁，切成块。

2. 香菜掐去黄叶，去根，洗净，切段。

3. 油条放入微波炉，高火 3 分钟，令油条变得酥脆，切成块。

4. 把黄瓜块、油条块和香菜段都放入大碗中，加入生抽、醋、辣椒油、盐、鸡精和香油，拌匀即可。

温馨提示

1. 鸡肉可以换成猪肉、虾肉等，虾肉的口感最好，但切记无论是鸡肉、猪肉、虾肉，都要搅打到粘性增加呈胶状最佳。

2. 菠萝吃多了会上火，用盐水浸泡一会儿可以减少菠萝的热毒，并且可以使菠萝更加香甜。

3. 炸油条段的时候用 100 度左右的油温慢慢浸熟即可，可以复炸一次，这样油条可以更酥脆。

4. 炸好的油条段要用吸油纸吸干多余油量，减少热量吸入更健康。

5. 直接用沙拉酱做沙拉会很腻，可以适当加些酸奶、炼乳、柠檬汁，按自己的口味进行比例增减，也可以加些牛奶使之更爽滑。

6. 上桌的时候再淋上沙拉酱，装饰糖画龙点睛，如果没有装饰糖也可以撒些花生碎，口感更有层次。

凤梨油条沙拉

【材料】

净鸡肉 100 克，地菠萝（凤梨）1 个，油条 1 根，马蹄（荸荠）5 个，五彩装饰糖少许。

调料 A：盐 2 克，生抽 3 克，海鲜酱 3 克，料酒 5 克，姜葱沫少许，淀粉适量。

调料 B：沙拉酱 30 克，酸奶 20 克，炼乳 10 克。

【做法】

1. 准备好食材。鸡肉剁碎，加入调料 A 搅拌均匀，用筷子顺同一个方向搅打，打到粘性增加。

2. 马蹄去皮洗净，切成细丁，混入鸡肉中，拌匀备用。

3. 菠萝去皮，去硬痂，切成小块，用纯净水浸泡，加入少许盐一同浸泡，可以中和菠萝的热毒。

4. 取一个小碗，把沙拉酱、酸奶、炼乳倒入碗内，搅拌成流水状，放置冰箱储存。

5. 油条分开成两根，再分别切成 2 厘米长的段。

6. 把鸡肉马蹄酿入油条中，抹平，用干淀粉封口，再放入 100 度油温中炸透。炸透的油条用吸油纸吸干多余油分。

7. 把菠萝从水中捞出沥干，放入盘中，加入炸好的油条段，淋上调好的沙拉酱，拌匀。

8. 在表面撒上五彩装饰糖即可。

经典红烧肉

【材料】

带皮五花肉，葱，姜，食盐，食用油，甜面酱，白糖，料酒，老抽，鲜花椒，大茴，草果，豆蔻，桂皮，香叶，丁香，白芷，香沙。

蚝油鱼干焖茄子

【材料】

银鱼干 10 克，长茄子 2 根，蚝油 20 克，蒜蓉 10 克，姜沫 10 克，葱沫 10 克，盐 2 克，油 10 克，生抽 5 克，桂花汁 10 克。

【做法】

1．炒锅烧热，倒油，把银鱼倒入锅内，小火煎香备用。

2．茄子对半切开，用刀左右 45 度切成一个桃心形，在茄子表面抹上盐。

3．沙锅，底部擦上一层薄油，把切好的茄子码放入锅内。盖上锅盖，开小火慢慢焖烧 3 分钟。

4．茄子在锅中焖热的时间，就着刚才炒锅中的底油，下蒜蓉、姜沫炒出香气，把切出来的小茄丁也一起扔进锅里炒香，蚝油、生抽、桂花口急汁与清水混合，倒入锅内炒成一碗蒜香味酱汁。

5．打开锅，茄子已经变软了，倒入炒好的酱汁，上面铺上煎好的银鱼干，再加盖焖烧 2 分钟，出锅前撒上葱花即可。

温馨提示

1．茄子切桃心形纯属造型，当然也比较容易熟，也可以将茄子切成蓑衣茄，更容易入味，并且也好看。

2．银鱼干也可以换成小虾米，或者换成鲜虾仁，假如换成咸鱼，就是很下饭的咸鱼茄子煲了。

3．蚝油主要是为海味调味而成，咸鲜，所以需要用少许清水调和味道。

4．喜欢吃辣的，也可以切些辣椒圈一起焖烧。

【做法】

1．精品五花肉适量。葱姜备用。鲜花椒适量。准备做卤汤的各种香料。

2．五花肉洗净放在锅里，加入葱姜和料酒，放在火上，煮 15 ～ 20 分钟，中途会有浮沫飘出，可以打开锅盖去掉。

3．煮好的肉捞出晾凉备用。

4．将晾凉的五花肉切成大块备用。

5．炒锅放入食用油，加入白糖炒糖汁。糖炒化后就可以了，注意不要炒的太老，影响口感。

6．下入切好的五花肉块翻炒，让五花肉均匀粘上糖汁上色。

7．等上糖色后，可以加少许老抽翻炒，使颜色更红艳。

8．加入葱姜翻炒，根据需要加入食盐，最后放入一些甜面酱。

9．香料放入清水里洗去灰尘。

10．锅内加入清水，放入喜好的香料。

11．将炒锅内的食材移到电压力煲中，没有压力煲的，可以直接在火上煮，煮到肉烂为止。

温馨提示

1. 不是绝对无油，因为带鱼如果不用油炸会腥，可是油炸又腻，所以带鱼油炸后，可通过大火蒸制去油解腻。

2. 为了防止油炸带鱼吸油，带鱼要提前裹一层鸡蛋液，以减少带鱼本身吸油。

煎蒸带鱼

【材料】

带鱼中段 650 克，香菜 10 克，葱、姜、干辣椒各 5 克，蛋黄 1 个，面粉 80 克，盐 5 克，鸡精 2 克，蒸鱼豉油 10 克，胡椒粉 2 克，料酒 5 克。

【做法】

1. 带鱼两面每隔 1 厘米打上花刀，加入盐、料酒、胡椒粉腌制 20 分钟。

2. 1 个鸡蛋黄、80 克面粉搅匀，裹匀带鱼，煎制金黄后，码盘备用。

3. 带鱼码盘，撒上葱丝、姜丝、辣椒丝，浇上蒸鱼豉油，蒸锅上汽后，大火蒸制 3 分钟即可。

温馨提示

做好酸菜鱼，首选四川老酸菜。用做酸菜鱼的酸菜，学名笋壳青菜，属十字花科两年生叶用芥菜，四川产的芥菜，叶梗肥厚，菜帮子特别厚实，腌制出的味道与别地酸菜的味道是不太相同的，前期会比较苦涩，烹饪之前"炒制"的环节不可少，炒一炒可以将其特有的香味激发出来，口感尤为爽脆。

水煮酸菜鱼

【材料】

草鱼 1 条，酸菜 1 袋（酸菜鱼专用），生姜，蒜瓣，大葱，香葱，香菜，花椒粒，干红椒段，鸡蛋 1 只，醪糟汁，料酒，胡椒粉，糖，盐。

【做法】

1. 草鱼斩杀清洗干净，将整鱼分解：将草鱼厚身部分的鱼肉，斜刀片成大片（不要太薄，0.5 厘米左右厚度为好）。

2. 剔出鱼头、鱼尾及鱼排等作为制汤材料。生姜洗净切片，大葱斜切成段，蒜瓣去皮，香菜及小葱洗净切段备用。

3. 将鱼肉片及鱼头、鱼尾等制汤材料，加入部分姜片、料酒、鸡蛋、胡椒粉稍微抓腌均匀，淋 1 小勺油稍加搅匀静置约 10 分钟备用。

4. 炒锅烧热注油，将花椒、干红椒段中小火炸香捞出，控油备用。

莲蓬扣肉

【做法】

1. 梅干菜和莲子用水泡发备用，五花肉放入水中加八角、香叶、姜煮约15分钟，约七分熟。

2. 将五花肉捞出后浸入凉水中，擦干水分刷上一层蜂蜜。

3. 锅里油烧至八成热，将肉皮向下放入油锅中炸至肉皮起泡。

4. 将肉切成5毫米左右的肉片。

5. 将切好的肉片拌上老抽、生抽、料酒，腌2分钟。

6. 将莲子用肉片裹起来。

7. 肉皮面朝下摆放在碗中。

8. 锅内热油放姜、蒜、干红辣椒爆香，将沥干水分的梅干菜放入炒香，加入少量白糖、生抽调味。

9. 再将炒香的梅干菜，铺在肉卷表面，压紧实。

10. 将碗放入蒸锅中，中火蒸60分钟左右即可。

【材料】

五花肉500克，梅干菜100克，莲子50克，姜，葱，蒜，老抽1匙，生抽1匙，料酒1匙，白糖，冰糖3个，八角1个，香叶1片。

温馨提示

1. 做扣肉的五花肉不宜太肥，也不宜太瘦，肥瘦相间，而且膘厚要恰到好处。

2. 炸的时候一定要擦干水分，否则油会溅得很厉害，小心会烫伤，可以盖上锅盖避免溅油；

3. 如果肉片过厚卷不住莲子，可以插一根牙签帮忙固定，吃时取出。或者直接将肉片铺在碗中做成梅干菜扣肉。

5. 下姜片、蒜粒煸香，将酸菜倒入锅中一同煸炒至香味溢出，加入适量清水，加入醪糟汁煮开锅。

6. 将鱼头、鱼尾等制汤材料倒入锅中熬煮出香味，试下味，酌情添加糖、盐（酸菜有盐味酌情加盐），将腌制鱼片倒入锅中，旺火氽烫至变色断生，起锅，连汤带鱼片倒入保温沙锅内。

7. 将炸香的花椒粒、干红椒段铺在鱼片上，撒上切段的葱花、香菜，烧滚1大勺油浇淋其上，香喷喷的酸菜鱼便可上桌了。

山药烧鸭

【材料】

山药 1 根，鸭腿两个，啤酒 1 听，雪梨 1 个，大枣，枸杞，葱几根打成结，干辣椒两个，八角两枚，姜 1 小块，酱油 1 大勺。

【做法】

1. 把鸭腿斩成块备用。

2. 鸭腿凉水下锅焯水。

3. 水开之后用大火煮几分钟，煮出血沫，然后把鸭肉捞出。

4. 捞出之后在水龙头底下冲洗干净，经冷水激过，鸭肉也会更紧实。

温馨提示

这道菜既是秋季养生菜，又是香喷喷味道十足的下饭菜。秋季经常吃有润燥、补气、养肺、强身的功效。

5. 炒锅放油，下干辣椒、葱、姜、八角爆香，放这些一是提香，二是为了中和一下鸭肉的寒凉。

6. 配料爆香之后烹入酱油，酱油这时候放入，高温可以充分地激发酱油的酱香味。

7. 放入鸭肉翻炒上色。

8. 鸭肉上色之后加入啤酒，有了啤酒的加入，鸭肉不但味道更香更嫩，而且营养更丰富，倒入啤酒之后盖上盖子转小火炖 20 分钟。

9. 鸭肉煮的过程，我们开始准备配菜，首先要山药去皮，切滚刀块后泡到水里，这样一是防止山药氧化变黑，二是可以让山药口感更好。

10. 鸭肉烧到六分熟了，下山药、大枣、枸杞子，翻炒一下盖盖继续煮。

11. 接下来准备的是雪梨，雪梨去皮，切滚刀块。这种梨水分足，甜分大，而且脆脆的，加在菜里不但增甜口感，而且润肺补液的效果特别好。

12. 鸭肉出锅前加入雪梨。

13. 加入适量盐调味，翻炒均匀后出锅。

水煮鸭血

【材料】

鸭血 1 盒，芹菜半颗，葱，蒜，火锅底料，花椒，干辣椒，盐，鸡精。

【做法】

1. 芹菜和鸭血备好，芹菜洗净斜切成段，鸭血也切成合适的大小。

2. 葱蒜切碎，油锅先用葱白炒香，然后放入芹菜炒至半熟，加一点点盐调味。

香菇烧鸡

【材料】

土鸡半只，干香菇，墨鱼1只，香葱，老姜，蒜，冰糖，老抽，料酒，盐。

【做法】

1．干香菇、墨鱼温水泡发。用手将香菇里的水分挤出，再连同泡香菇的水，用网筛过滤掉残渣之后，放火上烧开。

2．土鸡洗净切块。墨鱼泡好后，撕去表面黑膜，去掉内脏，切片备用。

3．锅烧热后，倒入油烧到七成热，下鸡块煸炒，一直炒到血水挥发完，鸡肉表面呈焦糖色后捞出备用。

4．再倒适量油入炒锅，烧热。

5．加入冰糖，调小火，不断搅拌。

6．待糖液由翻大泡变成翻小泡，直至小泡也慢慢消失，糖液变成深红色时，即成糖色。

温馨提示

1．泡香菇的水含有部分香菇的营养，并且也有香菇的鲜味在里面，过滤掉残渣后，与鸡肉一同烧制，会更鲜美，所以不建议倒掉香菇水。

2．用手挤掉香菇里的水分，是为了让香菇在烧制的时候，能够充分吸收汤汁的精华。

3．炒糖色时，火要调小，避免烧糊。

4．加水烧的时候，最好一次性加足量，避免中途添水，如果水分烧干了，需要添水，也最好是添开水。如果加冷水，鸡肉会收紧，就不容易烧软了。

7．将煸炒后的鸡块放入，快速翻炒，让糖色均匀地裹在鸡块上。

8．放老抽、料酒、葱结、姜片、蒜块翻炒1分钟。

9．放入香菇与墨鱼，再倒入烧开的香菇水，以没过鸡肉为宜，如果香菇水不够，则需要加入开水。

10．大火烧开，撇掉浮沫后，盖上盖，小火焖烧至鸡肉软烂后，调入盐炒匀，最后大火稍稍收下汁即可。

温馨提示

1．如果担心有异味，可以在鸭血入锅之前先用沸水焯烫一下，就可以确保鸭血无异味了。

2．鸭血其实挺容易入味的，只要用小火保持它在汤中咕嘟5～10分钟，就可以达到鲜美入味的效果。

3．用热的花椒辣油泼到葱蒜上，味道确实会特别香。可以将泼油量减少到最小，这样既可以保证口味，又不会太影响健康。

3．炒好的芹菜清脆碧绿，放在容器的底部备用。然后再次热油锅，炒香火锅底料和葱蒜，待火锅底料炒化了之后加入一大碗水烧开。

4．烧开的水中调入一点点盐和鸡精调味，然后放入鸭血大火煮开，小火慢慢咕嘟一下，这样鸭血就特别入味了。咕嘟的时间也不必太久，5～10分钟足够了。把鸭血还有汤汁全部都倒入铺了芹菜的容器中。

5．在鸭血表面放上葱和蒜沫，热一点花椒辣油，趁热往葱蒜上一泼，滋滋啦啦的响声还没消退，扑鼻的香味就出来了，赶快端上桌享用吧。

小技巧

1. 做这个菜用白菜梆最好, 口感清脆。

2. 白菜梆要斜切, 可斩断纤维, 有利入味, 还易熟。

3. 这个菜最主要的调料就是醋和糖, 一般按照 1 : 2 的比例来调味最佳。

4. 不要用颜色较重的酱油, 掩盖了菜肴的本色就不好了, 加点调味的生抽即可。

5. 建议大火快炒, 否则白菜会出来很多汤汁, 就跟炖白菜差不多了。

6. 白菜最好一次吃完, 隔夜的白菜就不要再吃了。

小技巧

1. 选用肉厚的新鲜香菇来烤比较好, 肉薄不适合做烤的, 因为烤完会变一薄片。同样, 也不要用干香菇泡发了来烤, 完全不是一个味道。

2. 香菇脚要去掉, 只用香菇的伞盖。

3. 入烤箱前的腌制过程有顺序, 别弄错, 先用盐拌匀, 让香菇有个底味, 再放孜然粉和辣椒粉还有黑胡椒粉 (用黑胡椒粉, 不要用白胡椒粉), 最后再用橄榄油拌匀。

醋熘白菜

【材料】

大白菜梆约 5 ～ 6 片, 干辣椒、葱花、油、醋、酱油、白糖、盐、香油各适量。

【做法】

1. 白菜洗净, 去除菜叶, 只留白菜梆, 将刀倾斜 30 度角将白菜梆片成薄片儿。

2. 锅中倒入油, 烧至五成热时, 放入干红辣椒段爆香。

3. 然后放入葱花, 随后倒入白菜片翻炒 1 ～ 2 分钟。

4. 依次烹入醋、酱油还有白糖。

5. 白菜片开始变软时, 加入盐调味。

6. 白菜出汤后, 沿锅边倒入水淀粉勾芡。

7. 最后淋入香油, 翻炒均匀即可。

孜然烤香菇

【材料】

鲜香菇 10 朵, 孜然粉半茶匙, 辣椒粉半茶匙, 黑胡椒粉半茶匙, 盐 1/3 茶匙, 橄榄油 1 汤匙。

【做法】

1. 鲜香菇洗净, 择去香菇脚, 准备好调味料。

2. 用刀给鲜香菇表面切出十字花。

3. 鲜香菇放大碗里, 先均匀撒上盐, 颠匀。接着撒上孜然粉、辣椒粉和黑胡椒粉拌匀, 最后倒入橄榄油, 拌匀。

4. 排入烤盘, 入预热好的烤箱中层, 220 度烤 15 分钟左右即可。

开胃肉丸饭

【材料】

猪肉，鸡蛋，淀粉，适量胡椒粉，西红柿，洋葱，盐。

【做法】

1. 猪肉去皮，剁成肉馅，放在一个干净的盆里，加鸡蛋、淀粉、适量胡椒粉，肉馅朝着一个方向搅打上劲。搅打肉馅的过程锅里开水烧一大锅清水。

2. 水开之后开始做肉丸。用手抓一团肉馅，用手部虎口的部分捏出一个圆球状，再用汤匙顺势地拨出丸子放进滚水里，依次把肉丸都放进水里之后，等到肉丸全部浮起来再煮2分钟关火，关火之后再盖盖焖几分钟，最后把肉丸捞出，肉丸就完成了。

3. 现在开始进一步加工肉丸，西红柿两个切碎，洋葱切丝。

4. 炒锅里放油，烧热之后放入洋葱煸香，然后放入西红柿，加一小碗水，适量盐，中火煮。

5. 西红柿出红油以后放入肉丸一煮5分钟。

6. 汤汁收干，酸甜咸鲜的西红柿肉丸就煮好了。舀上一碗饭，浇上西红柿跟肉丸，完成。

小贴士

1. 黑豆平时我们用来做豆浆，泡醋豆祛斑，泡酒降血压，而这道菜将黑豆和鸡肉做了最完美的融合，不仅养生还鲜美入味。

2. 对于老人，黑豆中微量元素如锌、铜、镁、钼、硒、氟的含量都很高，而这些微量元素对延缓人体衰老、降低血液粘稠度非常重要。

3. 对于爱美女性，黑豆皮为黑色，含有花青素，是非常好的抗氧化剂来源，能清除体内自由基，尤其是在胃的酸性环境下，抗氧化效果好，养颜美容，增加肠胃蠕动。

4. 对于小孩，黑豆煮粥能补锌补钙，每天适量食用能增强体质，对小儿夜间遗尿、盗汗自汗都有辅助治疗功效。

黑豆焖高原鸡

【材料】 黑豆 200 克，鸡肉 400 克，姜 3 片，蒜瓣 3 个，葱 2 根，花椒粉、干姜粉各 1 克，生抽 2 勺，老抽 1 勺，黄酒 1 勺，生粉适量。

【做法】

1. 黑豆用冷水浸泡 5 小时。

2. 将高原鸡切成 4 厘米 ×3 厘米的块状。

3. 热锅下油，炒香姜片和蒜片，将鸡块用中火炒至表皮焦黄，加入黄酒 1 勺，继续翻炒均匀。

4. 接着放入花椒粉和少量干姜粉，翻炒出香味。

5. 加入水与鸡块平齐，开大火煮至沸腾。

6. 接着倒入汤锅，小火慢慢炖 90 分钟。

7. 为了让黑豆更为鲜美入味，取出一碗鸡汤和浸泡过后的黑豆一起入高压锅压 6 分钟。

8. 之后取出熟烂的黑豆将油沥出待用。

9. 炒锅内放入鸡块，加入适量鸡汤，再倒入黑豆，加入生抽和老抽，中火翻炒几分钟。

10. 最后加入芡汁，大火收汁即可出锅。

沙锅白肉

【做法】

1. 海米、粉丝提前泡好，酸白菜切丝备用。

2. 五花肉整块凉水入锅，放入适量葱、姜块、料酒 10 克，小火煮 1 小时捞出放凉后，切成薄片备用。

3. 锅中放油，爆香葱、姜、八角后，捞出原料。

4. 放入酸菜丝，反复炒制，炒出水分后，冲入猪肉的原汤，小火煮开 1 分钟即可捞出码入沙锅底部。

5. 在沙锅底部码入酸菜。

6. 在原汤中调入盐、鸡精、料酒、酱油后，放入粉丝煮 3 分钟后，捞出码在酸菜上。

7. 再将肉片放入汤中煮开后片刻，捞出码好。

8. 将泡好的海米、枸杞码在肉片上，浇入肉汤，小火再煮 2 分钟。

9. 调汁：3 份酱豆腐，2 份韭菜花，1 份辣椒油拌匀即可。

【材料】

五花肉 500 克，酸白菜 500 克，白薯粉丝 1 把，葱、姜、蒜适量，海米 30 克，八角 2 个，盐 5 克，鸡精 3 克，料酒 20 克，酱油 10 克，辣椒油，酱豆腐，韭菜花，枸杞煮肉的原汤。

小技巧

1. 先煮肉：猪肉洗净后，凉水入锅，先煮 1 小时，捞出备用。

2. 次煮菜：用调料油煮制酸菜入味后，捞出码入沙锅备用。

3. 后煮粉：最后放入粉丝煮制入味，确保三种不同的食材，口感、味道一致。

茄汁萝卜丸子

【材料】

白萝卜 150 克，绿心萝卜 150 克（用一种萝卜也行），鸡蛋 1 个，香菜适量，面粉 100 克，盐、鸡精、五香粉、葱姜沫少许，番茄酱、糖、水淀粉、熟植物油、白芝麻各适量。

【做法】

1. 萝卜洗净，剁碎（不要太碎），挤去水分；香菜切沫。

芹菜炒鸡蛋

【材料】

芹菜 2 根，鸡蛋 3 个，小辣椒 3 个，料酒 1 茶匙，清水 1 茶匙，盐 1/2 茶匙 3 克，白糖 1/4 茶匙 1 克。

【做法】

1．择取芹菜叶不要，留下芹菜梗，洗净后，斜切成 1 毫米厚的片。小辣椒斜切成段（如果不喜欢吃辣的，可以不放）。

2．鸡蛋打散后，加入料酒和清水搅匀。

3．锅烧热，倒入油大火加热，待油八成热时，倒入鸡蛋，稍微凝固后，用铲子在锅中将鸡蛋搅成一口大的小块，盛出备用。

4．锅中再倒入一点油，大火加热，放入小辣椒煸出辣味后，放入芹菜翻炒 2 分钟，撒入盐搅匀后放入炒好的鸡蛋即可。

2．将剁好的萝卜、香菜放入容器中，加鸡蛋、盐、鸡精、五香粉、葱姜沫拌匀。

3．加面粉拌匀。

4．锅中倒入植物油，烧至七成热，将拌好的萝卜馅挤成小丸子，放入油锅中。

5．用中火炸至金黄熟透，捞出。

6．摆入盘中备用。

7．炒锅倒入适量清水。

8．放入番茄酱、糖调成汁烧开。

9．用水淀粉勾芡。

10．淋入适量熟油，做成番茄汁。

11．将做好的茄汁浇在丸子上，撒上白芝麻即可。

小技巧

1．萝卜丸子要想炸得好吃，最关键的一点是面不要放得太多，否则会变成炸面疙瘩，那就难吃了，调料尽量少加，多了容易掩盖萝卜的清香味。

2．炸丸子的时候要用筷子勤搅动锅里的丸子，让丸子受热均匀，颜色一致。

3．调茄汁的过程中最好尝尝，番茄酱和糖的用量按个人口味掌握，喜欢甜多放糖，喜欢酸就少放糖。

4．调好的茄汁淋入适量植物油，能使茄汁油亮，浇在丸子上使丸子更漂亮。

糖蒜烧带鱼

【做法】

1. 刀鱼去肠及黑衣，并刮净外皮上的白鳞，用清水洗净后切段控水备用。

2. 糖蒜分成小瓣备用。

3. 姜切片，葱切块，八角、花椒洗净。

4. 热锅入油，七成热时将鱼用橱纸拭净水分，下入油中煎成两面金黄取出。

5. 锅留底油，入姜、葱、八角、花椒粒煸香，倒入糖蒜瓣及汁、料酒、生抽、白糖，加入煎好的鱼段大火烧开关中小火烧 10 ~ 15 分钟，加盐调味即可。

【材料】

带鱼，糖蒜及汁，姜，盐，料酒，生抽，白糖，八角，花椒。

小技巧

1. 选部位：选择白菜心，不容易出水，尽量选择 5 层以内的白菜心。

2. 盐杀水：锅中先放盐，再放白菜心，小火翻炒后，再放油，炒出水汽。

3. 好刀工：白菜的顶部切成橘子瓣状，不易出水。

小炒无水白菜

【材料】

大白菜，五花肉，木耳，葱、姜、蒜、红椒，盐，鸡精，酱油。

【做法】

1. 先看看原材料：大白菜心尽量选择 5 层以内的。

2. 白菜块不要切得太小，顶部切成橘子瓣状，这样白菜心不容易散开，也不容易出水了。

3. 锅烧热后，先放盐，再放白菜，炒几下后，再放油小火翻炒，小火炒白菜，热量小就不容易出水。

4. 只要小火炒，白菜就无水，一直炒到白菜的体积是原来放进去的一半就可以盛出备用了。

5. 锅中放油，放入五花肉，一直炒到五花肉变得透明。

6. 肉片变得透明后，放入葱姜蒜片、红椒炒香，调入酱油、料酒、盐、鸡精，放入炒熟的白菜心、木耳迅速翻炒，炒匀后即可出锅，就不会出水了。

小技巧

1．将浸泡过香菇及虾米的水倒入米饭内可使饭的味道更香。

2．米饭刚倒下去会结成团，加入水后就会散开。

3．注意要分次加入水，以避免使米饭过软而影响口感。

4．干贝与虾干最好不要省略，可以提鲜。

补充说明

1．粢饭糕是老上海的一种传统早点，它与大饼、油条、豆腐并称为上海早点"四大金刚"。

2．粢饭糕有由纯大米饭做成的，也有由大米和糯米混合而做成的；加入糯米的话，口感会更软糯，不妨试试。

生炒腊味糯米饭

【材料】

糯米 150 克，广式腊肠 1 根，腊肉 50 克，干香菇 6 朵，干贝 5 粒，虾干 5 颗，芥蓝梗、芹菜、香葱各适量，味极鲜酱油 2 汤匙，黑胡椒粉适量。

【做法】

1．糯米提前浸泡 1 个小时，干香菇浸泡 20 分钟；腊肠切片，腊肉切丁，泡好的干香菇切丝，芥蓝梗、芹菜、香葱切小丁，干贝与虾干用适量清水浸泡 15 分钟。

2．蒸锅上汽后放入浸泡好的糯米饭，蒸 30 分钟左右取出稍放凉。

3．锅内放入适量油，放入腊肠、腊肉、干贝和虾干炒出香味。

4．加入蒸好的糯米饭。

5．分次加入少量浸泡香菇的水。

6．将米饭炒散后，放入香菇丝。

7．加入 2 汤匙味极鲜酱油，继续翻炒。

8．放入所有青菜碎翻炒至米饭水分收干即可。

香煎粢饭糕

【材料】

米饭 1 碗，橄榄油 10 毫升，食盐半小勺，鲜味酱油 1 小勺，黑胡椒粉少许。

【做法】

1．以此将所有调味加入米饭中，然后充分拌匀。

2．将已调味的米饭倒入干净的可密封方形保鲜盒里，用勺子压实压平，盖上盖子密封后放入冰箱冷藏一夜。

3．将已冷藏的饭饼取出，平底煎锅加几滴橄榄油烧热，轻轻将方形饭饼倒入锅里，煎至两面金黄微焦即可。

小贴士

油锅拌糖刚化开，即将铁锅的3/4端离火口并后倾，防止糖焦化，待糖温下降，随将铁锅向前倾斜，使糖浆再上火受热至糖熬得恰到好处。藕块入锅后，不宜多翻，防止翻破脆皮。

小技巧

1. 地瓜梗如果不够嫩，需要摘掉外面的筋膜，如果脆嫩，就不需要这个步骤了。
2. 炒地瓜梗时加的西班牙橄榄油，使用量大概相当于平时用其他油量的1/3就可以，因为橄榄油遇热会膨胀，油香味更易于浸入地瓜梗中，菜炒熟的时候，油的总体积量相当于生油时的两倍多，所以从这个角度讲，可以减少脂肪摄入量，而菜的味道却丝毫不减，反倒浓郁芳香，没有腥味儿和油腻感，普通的地瓜梗也可以色香味俱全。
3. 天然健康的地瓜梗，含有丰富的蛋白质、粗脂肪和大量的粗纤维，能增强肠蠕动、通便排毒，有减肥的效果；还能增强免疫能力，保护视力，保持皮肤细腻、延缓衰老。

藕断丝连

【材料】

鲜藕300克，白糖100克，淀粉50克，鸡蛋1只，油500克（实耗40克），熟芝麻少许。

【做法】

1. 鲜藕洗净，刮皮，切成菱角块，撒上薄薄一层干淀粉，然后把鸡蛋放入碗中，加入干淀粉调成厚糊，放入藕块，四周粘牢，不见藕块形。
2. 炒锅置旺火上，放油500克，烧至八成热，将藕逐块裹糊放入油中，炸至糊壳呈金黄色，起脆时捞出。原锅留余油20克，放白糖，用勺不停地拌至呈米黄色，推入藕块，撒上芝麻，翻拌使糖浆全部包牢藕块，出锅装盘。食时藕块先要在冷开水中蘸一下才脆。

炒地瓜梗

【材料】

地瓜梗500克，肉丝400克，豆瓣酱1勺，西班牙橄榄油1勺，姜丝，蒜沫，白糖，胡椒粉。

【做法】

1. 嫩地瓜梗500克，择去叶子，冲洗干净备用。
2. 地瓜梗切成小段。
3. 冷锅子，加1勺豆瓣酱、1勺西班牙橄榄油，慢慢小火加热。
4. 炒香后，加入肉丝、姜丝，中火炒至七成熟，加1茶匙白糖。
5. 加入地瓜梗，大火翻炒5分钟。
6. 最后加蒜沫、胡椒粉调味。

小技巧

1. 鸽子焯水时，血污要洗净。

2. 炖鸽子时必须用小火进行。

小技巧

1. 煸炒葱姜沫时火力不宜太大，防止焦糊。

2. 勾芡时不宜太稠。

清炖仔鸽汤

【材料】

鸽子 2 只，冬笋 25 克，鲜蘑 25 克，火腿 10 克，清鸡汤 1000 克，精盐 3 克，绍酒 10 克，葱 10 克，生姜 5 克，味精 1 克，白糖 1 克。

【做法】

1. 鸽子剁成 4 大块，冬笋、鲜蘑、火腿切成片，葱切成段，姜拍松。

2. 鸽子用沸水焯水后捞出，洗净血沫，鲜蘑、冬笋用开水汆透捞出。

3. 取一只沙锅，放入鸡汤上火烧开，放入鸽子块、葱、姜、绍酒、精盐、白糖、味精，用大火烧沸后，盖上沙锅盖用小火炖至七八成熟后，再把冬笋、口蘑、火腿放入沙锅内，继续炖至鸽子酥烂，拣去葱、姜，撇去浮面油点即可上桌。

家常海参

【材料】

水发海参 750 克，肥瘦猪肉 200 克，绍酒 10 克，酱油 5 克，味精 1 克，白糖 5 克，胡椒粉 0.5 克，蒜泥 1 克，葱 20 克，生姜 20 克，水淀粉 15 克，肉汤 300 克，泡辣椒粒 2 克，四川豆瓣酱 60 克，精制菜油 750 克（实耗 90 克）。

【做法】

1. 将水发海参顺长切成片，放入沸水锅中焯水，捞起。取葱 5 克切成葱花，生姜 5 克切成沫，其余葱切成段，生姜拍松，把肥瘦猪肉切成肉片。

2. 锅置火上烧热，放入油 30 克，投入葱段、姜块煸至呈金黄色时，加入海参片、绍酒 5 克、肉汤 150 克，用小火烧片刻，捞出沥干水分。

3. 炒锅上火烧热，放入菜油烧至七成热时，倒入海参拉油，除去部分水分捞出待用。

4. 另用锅烧热，放入菜油 50 克，投入姜沫、葱花稍煸一下，倒入肉片煸出香味，放入蒜泥、泡辣椒、豆瓣酱、海参、绍酒、肉汤、酱油、白糖、味精，先用大火烧沸，再改用小火烧片刻，后再用大火收一下汤汁，然后用水淀粉勾芡，淋入少些油翻拌，装盘，最后撒上胡椒粉即成。

小技巧

1. 蒸鱼的过程可以同时调汁，这样鱼蒸熟汁也调好，蒸鱼一定要用鲜鱼，可以让鱼贩直接将鱼收拾好去鳃去鳞去内脏，这样回家做就比较简单了。另外香菜根一定保留，做成的汁味鲜、料浓，蒸鱼前腌制过程中一定要将姜丝铺满鱼表面，这样可以达到去腥的目的。蒸出的鱼也十分鲜美。

2. 清蒸鲈鱼吃的就是鲜，所以这道菜如果作为家宴一定要最后一个做，最后一个上，一上桌就开吃。

清蒸鲈鱼

【材料】

鲈鱼，小红绿辣椒，美极鲜酱油或蒸鱼豉油，盐，白糖，胡椒粉，大葱白，姜，香葱，香菜，绍酒。

【做法】

1. 葱白切丝，香菜保留根切大段，姜切丝，辣椒切菱形块。

2. 鲈鱼去鳃，去除内脏的黑膜收拾干净，将姜丝均匀地码在鱼表面，鱼肚子里抹上绍酒。

3. 放在盘中入蒸锅足火旺气蒸 10 分钟即可。

4. 另取一锅坐热放入少量油。

5. 倒入香葱、香菜、辣椒、葱丝煸炒。

6. 倒入美极鲜酱油（或蒸鱼豉油），放入盐、胡椒粉、白糖，调味即可。

7. 将调好味的汁置于碗中。

8. 将调好的汁均匀地浇在蒸好的鱼上，撒上葱丝及香菜沫即可出锅装盘。

洋葱牛肉片

【材料】

牛里脊 175 克，洋葱 100 克，绍酒 10 克，白糖 2 克，精盐 5 克，酱油 10 克，味精 1 克，小苏打 2 克，胡椒粉 0.5 克，鸡蛋半只，水淀粉 6 克，干淀粉 5 克，芝麻油 10 克，花生油 500 克（实耗 70 克）。

【做法】

1. 将牛肉剔去筋膜，切成 5 厘米长的薄片，洋葱切成片。

2. 牛肉片放入碗中，加清水（500 克牛肉放清水 200 克左右）、精盐、小苏打、胡椒粉、鸡蛋，搅拌上劲，使牛肉片吸足水分，再放入干淀粉拌匀，最后倒入芝麻油拌匀待用。

小技巧

1. 牛肉片上浆一定要加水，浆后放置一段时间为好。

2. 洋葱要煸出香味。

3. 锅上火烧热，放入植物油至五成热时，放入牛肉片滑油至熟，倒入漏勺沥油，原锅上火，加入油 30 克，投入洋葱煸炒至发黄出香味，加入绍酒、酱油、白糖、味精及适量水烧沸后，用水淀粉勾芡，倒入牛肉片，淋入少量油，翻锅装盘即成。

小技巧

1. 豆腐焯烫后再烧制这样不容易碎。
2. 肉泥事先用川味酱炒后比较容易入味。
3. 水量不要太多，刚没到豆腐就可以了。
4. 勾芡的稀稠凭个人口味。

麻辣豆腐

【材料】

豆腐2块，麻辣川味酱1大勺，肉泥100克，糖少许。

【做法】

1. 锅内放入水，加入1勺盐烧开，放入豆腐焯烫片刻捞起。

2. 热锅放入少许的油，将肉泥放入小火炒变色。

3. 加入川味酱炒出香味，依然是小火。

4. 加入适量的清水，用小刀将豆腐切小块也一并放入烧开。

5. 转中小火烧至入味，淋少许的水淀粉收汁，加点糖提鲜就可以出锅了。

油炸大虾

【材料】

大河虾（湖虾）300克，白糖、麻油、葱花、香醋、植物油、姜沫、料酒各适量。

【做法】

1. 大河虾整理、清洗干净。

2. 炒锅上火，放少量麻油，投入葱花、姜沫煸炒，香醋、料酒、白糖烧沸，撇去浮沫，倒入容器中成糖醋汁。

3. 炒锅洗净复上火，注入植物油，烧至七成热时，河虾上浮油面时，捞起沥油，倒入糖醋汁中快速拌匀，冷却后即成。

小贴士

这款鱼做法超级简单，但是料酒一定要多放、这样可以去腥味。如果用普通炒锅炖鱼时需要在调鱼料时加入一杯热水，切记炖鱼时一定要加入热水，这样出来的味道才不腥，如果加了冷水就会有鱼腥味。

红烧明太鱼

【材料】

明太鱼3条，葱、姜、蒜各适量，大料（八角）2颗，酱油20克，醋30克，料酒50克，盐适量，鸡精适量，糖2茶匙。

【做法】

1．葱、姜、蒜、大料、盐、鸡精、糖、酱油、醋、料酒全部放进碗里混合均匀备用。

2．明太鱼洗净后用厨房纸把表面水分擦干。

3．热锅倒入2茶匙色拉油，加热后转中小火。

4．把鱼放进去煎制两面变色。

5．倒入调好的料后盖上锅盖中小火炖10分钟即可。

清蒸桂花鱼

【材料】

桂花鱼1条（600克），盐、葱、姜、料酒、香菜、蒸鱼豉油、色拉油各适量。

【做法】

1．将桂花鱼用自来水冲去血水，在鱼身两面分别切两刀以利腌制入味。

2．在鱼身两面的切口塞上姜片，鱼肚里也放一片姜，然后在鱼身上撒少许盐和少许料酒腌制20分钟。

3．将锅注水烧开，放入鱼，盖上盖，大火蒸8分钟（如果拿不准鱼熟没熟可以用筷子在鱼身上扎一下，能很轻松地穿过就是熟了）。

4．在蒸鱼时切些葱碎和香菜沫备用。

5．将蒸好的鱼取出，拣去姜片不要，浇上蒸鱼豉油，再撒上葱丝和香菜段。

6．往锅里倒适量色拉油，开火烧热，趁热浇在鱼身上即可。

小技巧
1. 鸡块和甲鱼块必须先焯水洗净。
2. 根据甲鱼老嫩，灵活掌握下锅的时间。
3. 感冒发热、阴虚、湿重、积滞者不宜用本汤。

鸡块炖甲鱼

【材料】

活甲鱼 1 只（500 克），老母鸡 250 克，熟火腿 20 克，精盐 2 克，味精 1 克，绍酒 10 克，葱 15 克，生姜 10 克。

【做法】

1. 活甲鱼宰杀后，用开水烫一下（根据甲鱼的老嫩烫 5 分钟左右），刮去黑衣，去内脏、脚爪，剁成 5 厘米长、3 厘米宽的块形，再用开水烫一下捞出，用温水洗净。

2. 老母鸡斩成 3 厘米长的方块，用沸水焯水捞出洗净血污，火腿切成薄片，葱切成段，姜拍松。

3. 把洗净的鸡块放入沙锅中，加入清水（最好加入鸡汤）、葱、生姜、绍酒，放入旺火上先烧沸，加盖改用微火炖，待鸡块六成熟时，把甲鱼放入，火腿片盖在甲鱼上，继续用小火炖之。

4. 待鸡块、甲鱼完全炖酥烂，打开盖，拣去葱、姜，撇去汤中浮油，加入精盐、味精，原沙锅上桌即可。

温馨提示
海兔放到热水里焯时动作一定要快，入开水后马上取出沥水分，这样炒出来的海兔水分少，好吃。

酱焖比管鱼

【材料】

海兔，大葱，大酱 3 勺，糖 1 勺，大蒜碎适量，少许啤酒。

【做法】

1. 海兔 1 公斤洗干净，一剪两半。

2. 大葱洗净切片备用。将切好的海兔用热水烫一下，沥干水分备用。

3. 大酱 3 勺、糖 1 勺、大蒜碎适量，加少许啤酒调成酱汁。

4. 锅入油，倒入调好的酱汁炒至出香味，放入沥干水分的海兔急火快速翻炒均匀。

5. 将切好的葱丝放到比管鱼锅内继续翻炒，翻炒到葱稍软即可。

西红柿炒双花

【做法】

1. 菜花和西兰花用手撕成小朵,冲洗干净备用。

2. 西红柿切成小块备用,葱切葱花,姜切丝,蒜切片。

3. 锅中倒入清水,水沸后放入菜花和西兰花焯烫两分钟,捞出备用。

4. 锅中倒适量油,放入葱花、姜丝和蒜片爆香,后放入西红柿块炒3～4分钟。

5. 放入焯烫过的西兰花和菜花,加入盐,翻炒两分钟,加入鸡精翻炒均匀即可。

【材料】

菜花,西兰花,西红柿,盐,蒜,姜,葱,糖,鸡精。

番茄菜花

【做法】

1. 菜花撕成小朵,洗净,放入开水锅中焯一下,捞出沥干水分。西红柿洗净,去蒂,切块。

2. 炒锅置火上,放入油,烧至五成热,放入西红柿,翻炒,炒出番茄红素,加入番茄酱、盐、白糖,继续翻炒。

3. 放入焯好的菜花,翻炒均匀即可。

【材料】

菜花,西红柿,葱,盐,番茄酱,白糖,油。

扒牛肉

【材料】

酱牛肉1块，葱姜适量，生抽2勺，绍酒1勺，糖1勺，水5～6勺，生粉勾芡2勺。

【做法】

1. 酱牛肉切片摆盘，放上葱、姜。

2. 取一个碗放入生抽2勺、绍酒1勺、糖1勺、水5～6勺，搅匀后，浇在牛肉上。

3. 牛肉盖保鲜膜上锅蒸15分钟，撒去葱、姜，将蒸牛肉后盘子里留下来的汁倒入炒锅里，大火烧开后，浇入生粉勾芡的芡汁，浓稠后，关火，浇在牛肉上，撒上葱花即可。

小技巧

1. 如果家里是生牛肉，就用卤肉的方法，把牛肉卤熟了就好。

2. 有肉汤当然碗里放点肉汤比水会香，做饭如果不用鸡精或者味精，天然味道最好。

3. 平时家里可以放点好牌子的熟食，当然是真空包装的最好。

4. 芡汁要薄点，别放太多生粉，容易糊。

5. 卤牛肉已经有盐了，这里又放了生抽，按各自口味调咸淡。

虫草花浸乳鸽

【做法】

1. 红枣清洗干净，去核后对半切开，虫草花清洗干净，把虫草花和红枣放进锅里，倒入6碗清水，提前浸泡2个小时以上。

2. 乳鸽请档主宰好，回来清洗干净，每只斩成四块。锅里的虫草花大火煲至水开后，转小火煲10分钟，放入乳鸽和姜片。

3. 大火煲至水重新煮开，撇干净血沫，开最小的火煮10分钟，关火后不开盖，继续浸10分钟。

4. 放盐调味。捞起虫草花和乳鸽沥干水分，爆香姜丝，放进乳鸽和虫草花煎一会儿，淋入生抽，加一点白糖，翻炒均匀，淋2勺乳鸽汤，盖盖儿小火焖5分钟，即可装碟。

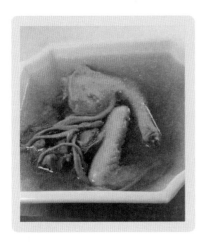

【材料】

乳鸽2只，虫草花20克，红枣5粒，生姜1块，清水6碗。

奶酪焗虾

【做法】

1.土豆洗净去皮，切成大片入蒸锅，蒸至土豆软糯，趁热加入黄油、盐、黑胡椒粉搅拌均匀。

2.加入牛奶搅拌均匀，用勺子碾成糊状成土豆泥。

3.将虾洗净去掉须脚、虾剑，用刀从虾的背部将虾肉切开，取出虾线，逐个放入铺好锡纸的烤盘中。

4.在虾肉上撒少许盐，腌制10分钟。

5.将拌好的土豆泥填在虾背上。

6.在土豆泥上撒上奶酪。

7.烤箱预热到200度，烘烤10分钟即可。

【材料】

鲜虾6只，奶酪30克，黄油10克，土豆100克，盐，黑胡椒粉，牛奶。

干锅香辣啤酒鸡

【做法】

1.嫩鸡洗净切成小块，用盐、30毫升啤酒、生抽、姜片腌制片刻。

2.青、红辣椒斜切成段，姜切片，大蒜拍破。

3.锅中倒入少许油，放入姜片、大蒜、八角、小茴香煸香，放入鸡块翻炒变色，加入生抽、盐翻炒均匀。

4.加入剩余的啤酒，盖锅盖用中小火焖煮5分钟。

5.最后放入青、红辣椒段翻炒一会儿，放入鸡精炒匀即可。

【材料】

嫩鸡半只，啤酒150毫升，八角1颗，小茴香2克，青、红辣椒各2个，姜1小块，大蒜5瓣，生抽15毫升，盐、鸡精各少许。

小技巧

1. 鸡皮里的鸡油熬出来放在这道菜里可以给菜增味不少，味道绝对香浓。

2. 豆瓣酱本身比较咸，所以生抽和老抽不能多放，盐就更不用加了。

3. 水要一次加足，一定要完全没过鸡块，否则后面的食材就很难入味了。

4. 炖藕的时间根据自己对藕的喜好来确定，因为藕本来就可以生吃，喜欢脆点的时间少一点。

佛跳墙土鸡煲

【材料】

土鸡半只，香菇，藕，栗子，青红椒，葱，姜，蒜，豆瓣酱，生抽，老抽。

【做法】

1. 鸡肉切块，把鸡皮切掉备用，鸡肉冲洗干净。

2. 锅里放水煮开放入鸡肉，再次煮开就可关火，拿出鸡肉用凉水冲洗。

3. 鸡皮放入锅里开中火后转小火，把里面的鸡油熬出来。

4. 把鸡皮渣从锅里拿出，放入葱、姜、蒜煸炒出香味。

5. 加入鸡块翻炒，加入两勺豆瓣酱翻炒。

6. 加入适量生抽和老抽翻炒后把鸡块倒入一个陶瓷锅。

7. 加水完全没过鸡肉盖上锅盖大火煮开后转小火炖 20 分钟。

8. 20 分钟后加入栗子继续炖 20 分钟。

9. 藕去皮切片，青红椒也切片。

10. 先放入藕，开大火，让汁水溢上来给其上色。

11. 把香菇和浸泡香菇的水一起倒入陶瓷锅。

12. 继续改小火炖 10 分钟。

13. 加入青红椒，盖上盖子再焖煮 5 分钟即可。

青蒜炒笋丝

【材料】

袋装春笋，蒜苗，瘦猪肉，蒜，盐，料酒，生粉，鲍鱼汁，生抽，白糖，盐，胡椒粉，鸡蛋，高汤、水淀粉。

【做法】

1. 瘦肉切丝，加盐、胡椒粉、料酒、生粉、蛋清抓匀，腌 10 分钟。

2. 春笋切成 1.5 寸左右的段，并切细条或粗丝，用开水汤煮备用（袋装的一般焯一下就可炒制）。

舌尖上的四季菜

秋的菜

23

羊奶酪拌菊苣

【材料】

菊苣，血橙，草莓，油醋汁，罗勒叶，百里香，羊奶酪。

【做法】

1．菊苣洗净控干水分。

2．血橙去皮切片，草莓切对半（也可以换成其他应季水果）。

3．取一些羊奶酪，可以用手掰碎。

4．拌一碗油醋汁（小碗里放上百里香碎和罗勒叶碎，倒入橄榄油让香料的香味释出，倒入意大利红酒醋，加少许盐、胡椒即可）。

5、羊奶酪和油醋汁洒在蔬菜水果上，拌匀即可。

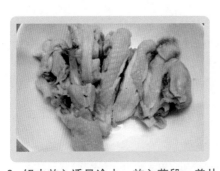

白灼仔鸡腿

【材料】

鸡腿 3～4 只，葱、姜、蒜各适量，料酒，花椒，干辣椒，红甜椒，香菜，蒸鱼豉油。

【做法】

1．准备好食材，将鸡腿洗净两面打花刀待用。

2．锅中放入适量冷水，放入葱段、姜片、蒜瓣，然后放入鸡腿。

3．倒入料酒，大火煮 5 分钟，然后盖上锅盖，小火焖煮 10 分钟，取出改刀切块待用。

4．煮鸡腿的同时，将红甜椒洗净切小块，香菜洗净切段，将改好刀的鸡腿肉放入碗中，淋少许蒸鱼豉油，码好红甜椒粒和香菜。

5．锅中倒入食用油，放入花椒和干辣椒，待花椒和干辣椒炸出香味后取出，将花椒油倒入鸡腿中。6．直接食用即可。

小贴士

秋季养生贵在养阴防燥。秋季阳气渐收，阴气生长，故保养体内阴气成为首要任务，而养阴的关键在于防燥。少辛增酸，避免发散泻肺是饮食的关键。

春笋味甘，性寒，具有利九窍、通血脉、化痰涎、消食胀等功效。还能清胃热、肺热，安神，可改善支气管炎痰多之症；笋还含有多糖物质，具有抗癌、抗人体衰老的功能。常食春笋对防治血脂增高、高血压、冠心病、肥胖、糖尿病、肠癌及痔疮等有辅助作用。

3．蒜苗洗净，切成 1.5 寸的段备用。

4．兑调汁：适量高汤、盐、料酒、鲍鱼汁或蚝油、白糖、水淀粉调匀备用。

5．热锅入油，三四成热时下入肉丝、划熟，下蒜沫爆香后下笋丝煸炒均匀。

6．倒入调汁大火翻炒，汁裹匀后下入蒜苗，炒匀即可。

温馨提示

1.焯水的时间越久，黄秋葵也会变得越软，这时候里面的汁液会流出来，这样营养就容易流失掉，所以时间要把握好。

2.焯水前不要把黄秋葵切开，那样营养也会流失，焯好水后再去除果蒂，所以焯水的时候蔬菜是整的，又加了点油，可以在蔬菜表面覆盖上一层保护膜，里面的营养不会有任何的流失。

3.做凉拌菜，最常用的调料就是生抽、醋、香油和白糖，红糖味道也一样好，当然糖是点缀，让凉拌菜更鲜美。

温馨提示

1.洋葱是比较容易保存的菜，买回来之后，放在阴凉处2周都不会坏。

2.里脊肉一次多买点，回家切成小块，用保鲜袋分装。每次吃的时候，提前拿出来一块解冻。

3.这道菜没有香菜问题也不大，可以换成黄瓜片，味道也很好。

4.紫皮洋葱比白皮洋葱的味道更浓郁一些，白洋葱比紫洋葱口感上更甜一点，看自己的口味，选哪种做都可以。

5.在腌制肉丝时，放料酒是为了去腥，放盐能增加味道，淀粉可以使肉炒好后口感软嫩。植物油，可以锁住肉的水分，在炒的时候，不会干硬，不容易糊锅。

6.要想炒肉丝、肉片时不糊锅，一定先把锅烧热，热到能看见有烟从锅里冒出来，然后再倒油加热后放入肉丝或肉片，就不会糊锅，即使你用的不是不粘锅，也不会糊。

清炒黄秋葵

【材料】

黄秋葵，醋，生抽，醋，蒜，红糖，香油。

【做法】

1.黄秋葵清洗干净。

2.锅里的水煮开后加入黄秋葵。

3.加入几滴食用油。

4.煮两分钟后拿出放在凉水里过凉。

5.用剪刀剪成小段，同时去掉果蒂。

6.放入适量的生抽、蒜泥、醋、一点红糖和香油，搅拌均匀即可。

洋葱炒肉丝

【材料】

洋葱半个，里脊肉1小块（或牛肉、羊肉都可以），香菜1根，料酒1汤匙（15毫升），生抽4汤匙（20毫升），盐1／2匙（约3克），干淀粉1／2茶匙（3克）。

【做法】

1.把里脊肉洗净，用厨房纸巾吸干表面的水，先切成2毫米厚的片，再切成2毫米宽的丝。

2.将切好的肉丝放入碗中，淋入料酒、生抽5毫升、盐1克抓匀，然后放入干淀粉抓匀，最后淋入植物油2毫升搅拌腌制3分钟。

3.洋葱去除外皮，切成丝。香菜洗净切成3厘米长的段。

4.锅烧热，倒入油，大火加热，待油七成热时放入肉丝煸炒变色后盛出。

5.锅中再倒入一点油，然后放入洋葱炒软，把煸炒好的肉丝倒入，加生抽搅匀后关火放入香菜。

肉皮炒芹菜

【材料】

猪肉皮 250 克，芹菜 100 克，香干 100 克，葱、姜、红美人椒各少许，盐 4 克，糖 2 克，胡椒粉 1 克，酱油 1 茶匙，蚝油 1 茶匙，鸡精 4 克，料酒 1 茶匙，淀粉、白酒各 1 茶匙，花椒 10 粒，八角 2 个，碱面 1/2 茶匙。

【做法】

1. 先看看原材料：肉皮为熟肉皮。

2. 葱姜切沫；其他食材切丝。

3. 肉皮处理，第一步：泡水无论是鲜肉皮还是冷冻过的肉皮，都要视情况泡水 2 ～ 6 小时，充分泡软，泡透，让肉皮吸足水分；第二步：碱煮泡透水的肉皮，凉水入锅，水开后按照每 250 克肉皮、1/2 茶匙碱面的比例放入碱面，大火煮开后，小火盖盖煮 5 分钟；第三步：过凉煮好的肉皮立即放入凉水中，便于油脂的去除；第四步：去毛肉皮煮软后，用一个废弃的刮脸刀去毛就很容易了；第五步：去油用菜刀，将肉皮内侧的油脂刮干净；第六步：切丝；第七步：入味。肉皮开水入锅，放入 250 克肉皮，加入盐 2 克、鸡精 2 克、白酒 1 茶匙、花椒 10 粒、八角 2 个、葱姜少许，小火煮 20 分钟。捞出备用。

4. 炒制：锅中放油，爆香葱姜沫，放入香干。注意，香干一定要小火煸足 1 分钟，煸到香干表面焦焦的，香干才好吃。

5. 香干炒焦后，放入芹菜，依次加入 1 茶匙酱油、1 茶匙蚝油，然后炒匀。

6. 最后加入肉皮丝，再依次调入 1 克胡椒粉、2 克盐、2 克糖、2 克鸡精，补充少许清水，炒制片刻。

7. 撒入红椒丝，勾一个薄芡汁即可出锅。

小贴士

1. 肉皮：选的肉皮一定要厚，厚的肉皮越煮越烂，薄的肉皮越煮越硬。

2. 泡水：生肉皮冷冻后就像铁皮，一定要泡足 2 ～ 6 小时的清水，泡至肉皮回软并使肉皮吸足水分才能保湿。

3. 碱煮：肉皮凉水入锅，水开后放入碱面，转小火盖盖煮 5 分钟。这一步去异味、去油、让肉皮回软。

4. 过凉：肉皮捞出迅速泡入凉水中，使油脂更容易用菜刀刮去，方便下一步刮油。

5. 去毛：用刮脸刀反复刮掉肉皮外侧的猪毛，一定要从肉皮的不同方向来回的刮毛，才能刮得干净。

6. 刮油：用菜刀可以刮去肉皮内侧的油脂。已经很容易了。

7. 切丝：将非常干净的猪皮切成丝。便于下一步入味。

8. 入味：肉皮热水入锅，依次放入各种调味料，小火煮 20 分钟，使肉皮入味。

9. 热吃：肉皮不好消化，最好赶热吃。

叉烧鸡腿

【做法】

1. 鸡腿洗净，用牙签在鸡腿上扎些孔。

2. 放入小葱、姜片、料酒、胡椒粉和少许老抽，再加入两勺叉烧酱，半袋烤肉酱，浇少许腐乳汁，抓匀。

3. 然后盖上保鲜膜放入冰箱冷藏腌制一夜（睡前放入冰箱，第二天就可以操作了，腌制时间长能保证更入味）。

4. 烤盘上铺锡纸，将腌制好的鸡腿放入烤盘内，烤箱预热，200度先烤20分钟。

5. 时间到后取出烤盘，将烤盘中的汤汁倒出，用刷子刷一遍腌制料汁，再刷一遍蜂蜜液，然后放入烤箱内继续烤10分钟即可（鸡腿表面红亮、外皮较干时即可，烤制时间根据情况略调整）。

6. 取出装盘食用。

【材料】

鸡腿3～4只，烤肉酱，叉烧酱，葱，姜，料酒，老抽，腐乳汁，蜂蜜，胡椒粉。

小技巧

1. 秋葵切之前焯一下，既焯掉了草酸钙，又保持了色泽，不要切开后再焯，那样的话就把粘液焯去了。

2. 如果是自己处理猪腰，一定要把尿管全部除掉，不然会有异味。

秋葵腰花

【材料】

猪腰1个，秋葵8棵，红、黄彩椒适量，生姜1小块，盐，糖，料酒，生粉。

【做法】

1. 秋葵在滚水中焯过后切段、猪腰切块浸泡在水中、彩椒切块、生姜切沫。切好的腰花除去血水，用料酒、姜沫、生粉腌好。

2. 油烧到六成热的时候，把腰花慢慢地滑入锅中，炒至变色。

3. 下入秋葵段翻炒，撒一点糖炒匀。

4. 下入彩椒炒至断生，加入盐即可。

【材料】

肥嫩鸡 1 只，精盐 50 克，味精 1 克，糟卤、花椒、葱汁、姜汁、茴香各适量。

糟鸡

【做法】

1. 鸡去内脏洗净，放入开水锅中煮至断红捞出，冷水冲净。再放入开水锅（水淹没鸡）中，压上盆子，以免熟时浮出水面。

2. 小火焖至熟捞出凉透。把鸡头斩下，鸡身斩成四块。将头、颈、身整齐地排放于钵内或缸中，加入鸡原汤、糟卤、葱姜汁、味精、精盐、花椒、茴香用盆压住，加盖，放入冰箱中冻牢，食时斩块装盆。

3. 糟卤加工，容器中放入捏成细末的酒糟，浸 4 小时，浸出糟香味，用沙布滤掉糟渣即成。

【材料】

鸡皮 1 张，虾胶 300 克，火腿蓉 10 克，鸡蛋白 30 克，姜汁 5 克，生粉 10 克，湿生粉 15 克，精盐、味精、麻油、胡椒粉、绍酒、花生油等适量，芫荽少许。

百花鸡

【做法】

1. 将鸡皮铺在小竹笪上，撒上生粉。虾胶加盐、生粉、蛋白、胡椒粉、姜汁，挞至起胶，加入麻油拌匀做馅。

2. 将虾胶馅晾在鸡皮上，撒上火腿蓉，入笼用中火蒸 10 分钟，出笼切件上碟。

3. 烧锅下油，加入绍酒、清汤，调入精盐、味精，用湿生粉打芡，撒上胡椒粉，把麻油拌匀，淋在鸡面上。

鲍汁珍珠藕圆

猪肉馅200克，莲藕100克，糯米适量，鲍鱼汁1大勺，盐1茶勺，鸡精适量，葱姜沫1茶勺，干淀粉适量，水淀粉1大勺，五香粉适量，香油1/2大勺，酱油适量。

【做法】

1. 糯米洗净，用清水浸泡8小时以上，然后沥干水分备用，莲藕去皮，先切成薄片，将莲藕片剁碎。

2. 将莲藕碎、猪肉馅、葱姜沫、盐、五香粉、鸡精、酱油、干淀粉拌匀，拌成馅放一会儿，使其入味，然后做成大小适中的丸子。

3. 再将肉丸子在糯米里滚一下，让丸子表面均匀地裹上糯米。

4. 将裹好糯米的丸子翻入盘中，入蒸锅蒸20分钟取出。

5. 炒锅中倒入少许清水，加1大勺鲍鱼汁搅匀烧开。

6. 用水淀粉勾薄芡。加入少许香油，将做好的芡汁浇在蒸熟的糯米莲藕丸上即可，用少许青椒沫和枸杞做点缀。

炸脂盖

【材料】

羊五花肉500克，鸡蛋1个，酱油10克，大葱15克，生姜15克，大蒜10克，湿淀粉10克，甜面酱15克，芝麻油15克。

【做法】

1. 将羊肉洗净放入冷水锅内，煮约5分钟使血水浸出，再捞出晾凉，切成长8厘米、宽2.5厘米、厚0.8厘米的片平放在盘内，加入酱油、葱段、姜片、蒜片入笼蒸熟（约蒸90分钟）取出，滗净汤汁，去掉葱、姜、蒜片。

2. 鸡蛋打入碗内，加入湿淀粉搅匀成糊状待用。

3. 炒锅放入花生油，置中火上烧至八成热（约200度）时，将肉片逐一滚匀鸡蛋糊放入油内，炸至九成熟时捞出，待油温升至九成热（约225度）时，再投入肉片炸成金黄色捞出，将炸好的肉片切成斜块，装入盘内即成。

4. 将甜面酱与芝麻油一起拌匀装于碟内，将葱段、蒜瓣另盛一碟，随菜上桌佐食即成。

舌尖上的四季菜

秋的菜

29

小贴士

1. 压好的鸡爪里有些许辣酱汁子，直接把辣酱汁子浇在鸡爪上就好，很入味，不需要回锅。

2. 每个压力锅的操作方法和功能不同，具体使用压力锅的操作方法还是根据家里平时的使用方法而定。

小技巧

1. 剁椒里已有盐分，腌鸡丁时放一点点盐就够。

2. 这个菜可以用鸡胸肉，但鸡腿比鸡胸肉质紧实，炒出来更香。

3. 鸡腿肉不那么好熟，要小火多翻炒一会儿，鸡皮会出油，不用担心油少干锅。

4. 糖和生抽会让鸡肉味道更鲜美。

香辣鸡爪

【材料】

鸡爪 500 克，青椒 1 个，花椒，干辣椒，郫县豆瓣酱，大料，盐。

【做法】

1. 锅里倒油，凉油里放入干辣椒、花椒、大料慢慢炒出香味。

2. 加入郫县豆瓣翻炒香，加入 50 毫升清水。

3. 小火慢慢把辣酱炒浓稠。

4. 鸡爪冷水下锅，加入姜片、葱段、料酒，焯熟，用凉水冲洗干净。

5. 鸡爪放入高压锅内，放入切好的青椒、炒好的辣酱，撒盐。

6. 用铲子翻拌均匀，把辣酱和鸡爪搅拌，让辣酱沾匀鸡爪表面。

7. 将内胆外表面擦干净放入锅体，轻轻旋转内胆，按"营养炖"键到"蹄筋"，此时指示灯闪烁，闪烁 7 秒后功能灯持续点亮，就可以了。

剁椒鸡丁毛豆子

【材料】

鸡腿 2 个，熟毛豆半小碗，自制剁椒 3 勺，盐，糖，藤椒粉，料酒，生抽。

【做法】

1. 鸡腿去骨，切成 1 厘米见方的鸡肉丁。

2. 鸡丁放入盐、藤椒粉、料酒，用手抓匀，腌 10 分钟。

3. 熟毛豆剥出毛豆子备用。

4. 锅底放少许油，加入 1 勺剁椒烹香。

5. 放入鸡丁翻炒。

6. 鸡丁变白后，加入糖、生抽，转小火继续翻炒。

7. 鸡丁炒熟后加入毛豆子、2 勺剁椒，炒匀出锅。

酸辣北极虾

【材料】

野生北极虾，红彩椒，香葱，姜，蒜，郫县豆瓣酱，白糖，米醋，面粉，泡打粉，盐，绍酒，胡椒粉，淀粉。

【做法】

1. 红彩椒切丁、香葱切沫、姜切片、蒜切沫。

2. 面粉放入 2 勺淀粉和泡打粉 4 钱左右、盐 1 小勺拌匀。

3. 加入水和匀，放入 1 勺油不要使劲打，拌匀即可。

4. 过 10 分钟左右感觉面浆香气扑鼻自然均匀即可。

5. 将北极虾放入面浆裹匀，是新鲜的生北极虾，没有煮过，更多汁甘甜。

6. 锅烧热再放油烧至 5 ~ 6 成温度，一个个放入裹好浆的北极虾，不要关小火，保持油温。为了快些，可以多在浆中裹匀好一些虾，再下锅炸，炸透身后捞出。

7. 捞出的虾要保持高油温就不会有太多存油，也可以吸油纸控干油。

8. 锅留底油稍热即可，放入葱姜蒜煸香。

9. 投入剁碎的郫县豆瓣酱小火煸香，出红油，煸出红油后烹入绍酒，加白糖、米醋、胡椒粉调味。

10. 水淀粉勾芡加少许老抽调色。

11. 将勾好芡的酸辣汁盛在碗里，撒上红椒粒。

12. 将炸好的虾上桌蘸食即可。

酸汤金针菇肥牛

【材料】

肥牛片 300 克，金针菇 1 把，海南黄灯笼辣椒酱 3 大匙，野山椒沫 20 克，青、红尖椒各 2 个，生姜 3 片，蒜 5 瓣，白胡椒粉 1/4 匙，鱼露 1 匙（约 15 毫升），盐 1/2 匙，料酒 1/2 匙，陈醋 1/2 匙，高汤 1 碗。

榛蘑杂焖五花肉

【材料】

五花肉 500 克，榛蘑适量，鹌鹑蛋 12 个，干豆皮 1 张，水晶粉 1 小把，大葱 1 段，姜 1 块，冰糖 1 小块，八角 1 个，桂皮 1 块，生抽 2 勺，老抽 1 勺，盐适量。

【做法】

1. 将五花肉切小块，冷水下锅汆烫到水开后再煮 3 ～ 5 分钟捞出，洗去浮沫沥水备用。

2. 榛蘑冲去浮灰，用水浸泡 3 ～ 4 个小时，取出剪去根部，洗净泥沙，备用，泡榛蘑的水留用。

3. 葱切段，姜切片，豆皮切成约 10 厘米见方的块，用手卷成卷用线系好，鹌鹑蛋煮好剥皮备用，水晶粉用水泡软。

4. 炒锅注少许油烧热，下入五花肉煸炒一会儿，看到肉有点微微变黄，再放入葱、姜、八角、桂皮炒，炒出香味后倒入少许料酒、生抽及老抽，炒匀后加浸泡榛蘑的水至没过五花肉。

5. 水烧开后，放入冰糖、榛蘑、豆皮、鹌鹑蛋至再次烧开，转小火焖煮约 60 ～ 90 分钟，至肉酥烂（出锅前 20 分钟调入盐），放入泡软的水晶粉，关火即可。

【做法】

1. 准备材料，速冻肥牛片提前取出解冻，金针菇洗净，剪去根部，放入开水锅内汆烫 2 分钟后捞起。将金针菇铺在碗里备用。

2. 锅里烧热油，将切碎的葱沫、姜沫、蒜沫、野山椒沫放入锅内炒香，再加入黄辣椒酱翻炒出香味。

3. 加入高汤或清水，再加入陈醋、白胡椒粉、料酒、鱼露大火煮开，过滤掉汤里的料渣不用。

4. 将过滤后的汤倒回锅内，放入化冻后的肥牛片，煮至肥牛片由红转为白色即可。

5. 将煮好的肥牛片倒入盛放金针菇的碗内，撒上新鲜的小青红尖椒圈即成。

小技巧

1. 可以再加些龙口粉丝搭配食用，也很好吃。方法是先将龙口粉丝泡软后用开水汆烫至断生，和金针菇一起放入碗内即可。

2. 肥牛片断生即可，千万不能煮久了，否则煮老了口感就不好吃了。

3. 最后成品可以再铺上葱蒜沫，浇上些热油。怕油腻的可以省略这一步也同样好吃。

4. 嫌麻烦可以省去过滤料渣这一步，但做出的酸汤肥牛不够清爽，入口渣太多，但不影响味道。

5. 海南黄灯笼辣椒酱是做出金汤的关键，这种辣椒酱口感清爽、酸辣，是保证口感的关键。

香辣酱香骨

【做法】

1. 小排骨用清水泡去血水，沥干水，加入料酒、酱油、米醋、糖、盐和香辣酱。放入料汁的排骨用手充分抓匀，腌制 20 分钟以上。

2. 锅烧热，加入适量油，油烧热放入排骨，煎至排骨呈红棕色，加入姜片和葱段。

3. 加入腌制排骨的料汁，并加水至刚刚淹没排骨，大火烧开后，加锅盖，转小火炖约 30 分钟，炖至汤汁不多时，打开锅盖，转大火收汁。

4. 汤汁不要全部收干，留一点点，这样排骨口感更润。

5. 撒少许白芝麻和葱花点缀即可。

【材料】

小排骨 300 克，姜 5 片，葱 1 根，白芝麻少许，料酒 1 大勺，酱油 1 大勺，米醋 1 小勺，香辣酱 100 克，糖少许，盐少许。

白萝卜煨牛腩

【材料】

牛腩 1 大条，白萝卜，蒜瓣，生姜，大葱白，小葱，青红尖椒，干红椒，香辛料若干（八角、桂皮、草果、香叶、小茴香、甘草、肉蔻、花椒粒等），精盐，酱油，绍酒，番茄酱，郫县红油豆瓣酱，豆豉酱，大喜大牛肉粉，冰糖。

【做法】

1. 将牛腩洗净，清水浸泡至无血水渗出，有选择地将牛腩上一些肥脂及粘膜部位剔除，切成 3～4 厘米见方备用；锅内坐水，放入拍松生姜、花椒粒，水开后将切块牛腩放入，浇上 1 勺绍酒，焯煮 2～3 分钟至血腥浮沫溢出，将牛腩块捞出，温水洗净控水备用。

2. 准备好煨炖酱料，红油豆瓣酱及豆豉酱剁碎备用；蒜瓣剥皮，大葱洗净斜切成段，青红尖椒去蒂去子斜切成段，生姜切片，小葱洗净挽葱结备用；香辛料温水淘洗干净备用。

3. 炒锅烧热注油，将蒜瓣、姜片、葱段及香辛料下锅以中小火煸香，将混合酱料倒入锅中央，煸炒至红油渗出，将牛腩倒入锅中转大火翻炒；锅内淋入绍酒、酱油，将牛腩煸炒至变色表皮稍微收缩焦香时，一次性加足开水煮开锅。

4. 连肉带汤汁一起倒入高压锅中（如果不赶时间的话用沙锅来煨炖更好），中小火加盖

小技巧

1.豆腐在淡盐水中浸泡后可以保持形状完整，浸泡过豆腐的盐水浸泡青菜可以很好地杀菌消毒，记得清洗干净。

2.水沸腾后再加入豆腐可以保持汤色清亮，加入青菜后立即加入盐可以保持青菜翠绿，汤也更入味一些。

3.这道汤里除了盐以外不加任何调料味道已经很好。

青菜豆腐汤

【材料】

豆腐 200 克，青菜 200 克，盐 1 茶匙。

【做法】

1.豆腐切小块，放在加入 1/2 茶匙盐的清水中浸泡 15 分钟，浸泡过豆腐的盐水留用。

2.青菜择洗干净后分成一片一片的叶片，放入浸泡过豆腐的盐水中浸泡 15 分钟后冲洗干净沥干水分。

3.汤锅内放入水，大火加热至沸腾后加入豆腐块，继续大火煮 15 分钟后加入青菜。

4.调入盐，继续煮 3 分钟左右即可。

金秋爽辣吮指烤虾

【材料】

虾 15 只，生姜 4 片，料酒 30 毫升，酱油 25 毫升，黑胡椒 15 毫升。

【做法】

1.虾去掉虾线洗干净，倒入料酒、酱油、黑胡椒、生姜沫，把料汁和虾搅拌均匀，腌制 20 分钟让虾入味。

2.烤盘里放入锡纸，把虾整齐的摆开，放入烤箱 190 度烤 25 分钟。

3.中途烤 10 分钟的时候取出一次，把碗里剩下的料汁倒在虾身上，继续烤。

4.烤到虾皮颜色变深，料汁基本收干即可。

压 35 分钟左右熄火。

5.将白萝卜洗净切圆片状铺在陶土钵子中，将高压锅中的牛腩捞出铺在萝卜片上，锅内汤汁过滤掉杂质，调入大喜大牛肉粉、精盐、冰糖拌匀，将原汁倒入钵中，灶火煮开后转小火煨至萝卜绵软入味熄火，将过油后的青红尖椒铺面即可上桌。

凉拌黑豆苗海带丝

【材料】

黑豆苗，海带丝，胡萝卜，生抽，盐，味精，香油，醋。

【做法】

1. 胡萝卜洗净切丝；黑豆苗掐去根，洗净；海带丝用水反复清洗干净。

2. 炒锅置火上，加水，烧开，放入黑豆苗焯 20 秒钟，捞出过凉水，沥干水分。

3. 再把海带丝放开水里焯 2 分钟，捞出过凉水，沥干水分。

4. 把黑豆苗、海带丝和胡萝卜丝放入大碗里，加入生抽、盐、味精、香油、醋，搅拌均匀即可。

腐乳卤茭白

【材料】

茭白 500 克，红腐乳卤 20 克，姜片 5 克，白糖 10 克，鲜汤 20 克，色拉油 20 克。

【做法】

1. 茭白洗净，切成 5 厘米长、1 厘米宽的条。

2. 色拉油置炒锅内加热，下入姜片爆香，投入茭白条煸炒，再加入红腐乳卤、鲜汤加盖用旺火煮沸，改小火焖至汁厚，加入白糖调味，用旺火炒至汁稠，离火晾凉，装盘即成。

小技巧

1. 这个菜没有用到辣椒，生姜和黑胡椒的辣足够。

2. 没有放盐，只放了酱油入味上色。

3. 烤的途中把剩下的料汁倒在虾身上，让虾更好地沾满黑胡椒的味道。

小贴士

小河虾带皮吃最补钙。河虾外壳薄且软，带皮吃补钙效果很好。虽说河虾个头较小，但蛋白质含量毫不逊色于海虾，钙质含量还更高。因为钙含量最高的部分是虾皮，小河虾带皮吃是补钙的佳品。

香葱爆小虾

【材料】

小河虾，香葱，胡椒粉，白酒，生抽，盐，白糖，姜，大蒜，柠檬。

【做法】

1．小河虾洗净，由于它们过于新鲜，拿一个细眼笊篱扣着点，要不它们会蹦的到处都是。用盐、胡椒粉、切好的姜沫、少量白酒腌制15分钟，等待入味。

2．锅烧热，煸香蒜蓉。

3．迅速放入小河虾，轻轻翻炒。放入切好的香葱，加少许白糖、生抽调味。

4．翻炒均匀，出锅即可。

金黄咖喱蟹

【材料】

黄金咖喱（微辣）100 克，大闸蟹 1 只，洋葱 1 个，胡萝卜 1 个，土豆 1 个，红甜椒 1 只，生姜 1 块，盐，黄酒。

【做法】

1．将土豆、胡萝卜洗净去皮切小块状，红甜椒洗净去子去籽，切块状，洋葱洗净切成块片状备用。

2．将大闸蟹用厨用小刷刷洗干净；锅内坐水煮开蟹肚朝上将蟹放入水中，姜块拍松入锅，加盐、黄酒，大火氽煮 2～3 分钟，将蟹捞出冲凉后揭开蟹盖，去除不可食用部分（蟹胃、白鳃、蟹心、蟹肠，如果不待客自家食用将螯毛也尽量刮除），将蟹斩分两半，切口处撒上干淀粉拍匀封住膏肉。

3．锅内注油（油下多些）加热，以半煎炸的方式将蟹身切口处炸至金黄酥香，捞出沥油备用。

4．锅内留底油，将切块用料投入锅中翻炒。

5．翻炒至用料表面发软微微焦香时，将过油大闸蟹入锅翻炒掂匀，锅内注水，水量以略平于锅内材料为准。

6．大火煮开后转中火加盖焖煮，焖煮至土豆绵滑酥软时（约 10 分钟）熄火。

7．将黄金咖喱掰成小块状投入锅中，搅拌至充分融解后开火，小火加热至咖喱呈浓稠状（5 分钟左右）即可，其间注意将锅中材料适度搅拌使其均匀地包裹上咖喱浓汁。

荷塘小炒

【做法】

1. 黑木耳撕小朵温水泡水，荷兰豆对切，藕切片。

2. 烧锅开水，滴几滴油，下黑木耳，荷兰豆焯水后捞出过凉滤干水分。

3. 热锅上油，油热后下蒜沫爆香，下藕片翻炒至断生。

4. 依次加入红椒片、黑木耳和荷兰豆翻炒，加盐、鸡精调味。

5. 加水淀粉勾薄芡后即可起锅。

【材料】

藕，红椒，黑木耳，荷兰豆，盐，鸡精，水淀粉，蒜沫。

鲜蘑烧明珠

【做法】

1. 先将冬瓜切成3厘米粗细的条，再修成圆柱形，然后切成1.5厘米厚的冬瓜珠子。

2. 炒锅上火放油，烧至微微冒烟时，将冬瓜放入油中略炸。

3. 另取锅1只，重新上火，将冬瓜、鲜蘑、绍酒、盐、白糖和适量汤一起放入，烧约2分钟，用湿淀粉勾芡，撒葱花，淋油出锅。

【材料】

净冬瓜400克，鲜蘑200克，绍酒30克，白糖4克，精盐4克，葱花10克，淀粉5克，素油400克（实耗25克）。

酱猪蹄

【材料】

猪蹄，葱，姜，蒜，八角，花椒，香叶，草果，桂皮，白糖，黄酱，冰糖，盐，料酒，陈皮。

【做法】

1．猪蹄剁成小块，将猪蹄洗净。锅中倒入清水，大火煮开后放入猪蹄焯烫 5 分钟，捞出冲净后沥干备用。

2．姜去皮切成片，大葱切段，大蒜去皮用刀轻拍一下，但不要拍碎。

3．炒锅置火上倒入油，烧至五成热时，倒入葱、姜、蒜、八角、花椒、陈皮、草果、桂皮、香叶煸炒出香味后，放入猪蹄，然后烹入料酒。

4．倒入生抽和老抽，用铲子翻动猪蹄，使酱油的颜色均匀地覆盖在猪蹄上。倒入开水，没过猪蹄，调入白糖，倒入黄酱，盖上盖子，改成小火炖煮 1 个半小时。

5．最后打开盖子，放入冰糖和盐，搅匀后改成大火再煮 10 分钟，待冰糖完全融化，汤汁慢慢收干即可。

无油版红烧肉

【材料】

五花肉 1 斤，小葱 1 根，桂皮，八角，香叶，生姜，冰糖少许，清水适量，料酒，酱油，老抽，鸡精少许。

【做法】

1．五花肉用温水洗净（肉比较油腻，所以用温水洗），再切成麻将牌大小，然后放入高压锅中加入清水和两片生姜片，水的量没过肉就可以，等高压锅烧开"嗞嗞"响个 3 分钟左右再转中小火 5 ～ 8 分钟关火（具体的按自家的燃气灶来定时间）。

2．准备香料，八角、桂皮、香叶、冰糖少许备用，等高压锅"没汽"的时候把五花肉

温馨提示

1．烧制的过程中提到的水，都是没过五花肉即可。

2．不要把冰糖改细砂糖，改了就出不来光泽度。

3．如果喜欢辣的，可以加几个辣椒。

4．用高压锅煮，一是把肉煮得口感软，二是可以适当的去油。

沥干水分倒入干净的炒锅中，放入少许料酒翻炒几下。

3．翻炒后放入冰糖、酱油和老抽继续翻炒几下。

4．最后放入适量清水和八角、桂皮、香叶用大火烧开，转中火烧制收汤汁起锅，撒葱花即可。

小贴示

选用秋葵要注意经过"看长度、捏软硬、查外表、闻清香、划表面"五步。看秋葵长度，秋葵越小越嫩，老了的秋葵会因为纤维过多而失去食用价值。捏秋葵软硬，有点韧度为好。闻秋葵是否有清香，老去的秋葵或不新鲜的秋葵都会失去清香味。用指甲在秋葵表面轻轻一划，破而有汁的就是最新鲜的。

温馨提示

1. 虾炸制前，一定要用厨房纸擦干水分。

2. 虾不要撒干淀粉之类的东西。就是裸炸。

3. 锅中的油温，一定要高，最好用油温表，测试一下，要达到190度，才能炸。

4. 家中的锅小，即使油温达到190度，也要分几次下虾，避免太多的虾把油温拉低。

5. 一定要第二次复炸。

秋葵炒虾仁

【材料】

秋葵，鲜虾，盐，食用油，蒜沫。

【做法】

1. 取秋葵适量，切去顶端较老的部分，再切成段状，有一定厚度，以免焯水的时候营养流失。

2. 取鲜虾适量，去虾线、虾壳，剥成虾仁后在水中清洗两遍。

3. 切好的秋葵在沸水中焯20秒左右，捞出后过冷水。

4. 加热炒锅，倒入食用油，蒜沫炒香，把虾仁放入锅中炒变色，再倒入焯好的秋葵段。

5. 翻炒均匀，出锅前加入适量盐调味，盛出装饰即可。

盐酥虾

【材料】

草虾300克，红椒1只，葱5克，蒜5克，料酒10克，盐6克，椒盐6克。

【做法】

1. 初加工：将虾放入容器中，倒入料酒10克；盐6克，腌制20分钟。辅料葱，蒜，红椒切粒。

2. 炸虾：将虾控干水分，并用厨房纸擦干水分，锅中放入500克植物油，烧至190度，用油温表测一下。一个一个地放入虾，不可放得太多，让油温保持在高油温。炸制时间为15～30秒。具体看虾的大小和油温而定。

3. 复炸：将油温重新烧至190度，第二次放入虾，炸制5秒钟，捞出备用。

4. 炒制：将锅置火上，不放油烧热后，直接放入虾炒匀后，倒入红椒粒；葱蒜沫爆香炒匀后，加入瓶装椒盐6克，即可。

温馨提示

做这道美极虾要挑选新鲜的中等大小的虾，太大的虾不容易入味，烹调的时候要加长。

炒虾的时候，油要适量的多放一点，才能把虾炒得酥脆。

加入调味料后，不要急于出锅，要让汤汁慢慢渗入虾内，汤汁收干后再出锅。

小技巧

1. 摆盘：将黑木耳和平菇放在底下，胡萝卜依次围边摆成花状，中间放上尖椒点缀成花芯即可。

2. 滚刀块：是中国烹饪中的一种常用刀法，常用于块茎类中的圆柱形原料，采用原料滚动、斜立刀的方法，将原料切成基本相同的块，滚刀所加工的原料体积比片、丁、丝大，此处应切得较薄、较大，方便摆盘。

3. 胡萝卜一定要用油先炒一下，这样营养才能充分释放，而且炒过的胡萝卜软糯清甜，非常好吃，怎样判断胡萝卜是否炒熟：一是看色从橙红变橙黄，棱角渐变圆润一般就差不多了；二是用筷子试，能轻松穿透肯定好了。

4. 这道菜胡萝卜本身有清甜味，不宜用过浓重的调味，主调还是应以清甜为主。所以在调味上只用了糖和酱油，酱油最好用美味鲜，这种酱油色浅味鲜咸味适度，所以也不用再加味精了。如果没有就用生抽吧，但是要适度，不然酱味会过重，或加少许味精增鲜。

馋嘴虾

【材料】

鲜虾 250 克，姜蓉 10 克，蒜蓉 10 克，生抽 2 大匙，料酒 1 大匙，砂糖 1 小匙，葱花 5 克，植物油 2 大匙。

【做法】

1. 鲜虾剪去须，洗净。

2. 热锅放油，放入处理好的虾。

3. 中小火炒制，偶尔翻动一下。

4. 炒至虾身水分收干时，加入所有调味料。

5. 继续翻炒至汤汁收干即可。

三色素开花

【材料】

胡萝卜 150 克，黑木耳 25 克，平菇 200 克，油 2 汤勺，糖 1 茶勺，美味鲜酱油 1.5 汤勺，蒜籽 2 瓣，小尖椒 1 个。

【做法】

1. 黑木耳洗净，用温水泡发，摘去根蒂，处理成大小均匀的小片。

2. 平菇洗净，也处理成大小均匀的小片。

3. 胡萝卜洗净去皮，切成薄薄的滚刀块（如不在意摆盘，切法随意，只要大小均匀便可）。

4. 锅中烧开水，将黑木耳和平菇分别汆烫 2 分钟后捞出控干水待用，此步断生去涩，更容易翻炒入味。

5. 另锅将汤烧到五成热，蒜瓣切成薄片，煸出香味，下胡萝卜煸熟。

6. 将黑木耳和平菇倒入锅中翻炒几下，加糖和美味鲜酱油、尖椒，再翻炒数下，即可起锅装盘。

枸杞蒸猪肝

【材料】

猪肝 300 克，枸杞 20 克，盐，鸡精，料酒，酱油，白糖，葱姜沫。

【做法】

1. 鲜猪肝冲洗浸泡干净，切成片放进盘子里，加入料酒、酱油、盐、鸡精、白糖、葱姜沫，抓匀后腌制 1 小时左右。

2. 捞起猪肝放进蒸盘中，加入枸杞。

3. 放入蒸锅，旺火蒸 20 分钟即可。

小贴士

1. 肝是体内最大的毒物中转站和解毒器官，所以买回的鲜肝不要急于烹调，把肝放在自来水龙头下冲洗 10 分钟，然后放在淡盐水中浸泡 30 分钟，可以促使猪肝里面的毒素渗出；

2. 烹调时间不能太短，至少应该在旺火中烹制 5 分钟以上，使肝完全变成灰褐色，看不到血丝为好；

3. 猪肝要现切现做，新鲜的猪肝切后放置时间一长胆汁会流出，致使养分流失，而且做熟后有许多颗粒凝结在猪肝上，影响外观和质量，所以猪肝切片后应迅速使用调料拌匀，并尽早下锅；

4. 因有病而变色或有结节的猪肝忌食。

肉丁炒蟹味菇

【材料】

蟹味菇，猪肉丁，红黄彩椒，西班牙橄榄油，蚝油，香葱，生抽，水淀粉，白糖，蚝油。

【做法】

1. 将蘑菇去蒂，洗净控干水分掰成小朵，香葱切沫、红黄彩椒切小块。

2. 锅热后放入西班牙橄榄油煸香葱花。

3. 放入肉丁，煸炒出香味。

4. 煸出香味变了颜色，放入蘑菇一同翻炒，直至蘑菇变软变蔫。

5. 倒入蚝油调味一同煸炒、加少许生抽、白糖调味。

6. 最后倒入红黄彩椒水淀粉勾芡翻炒均匀即可出锅。

温馨提示

1. 蚝油本身又鲜又有咸味，在炒的过程可以不用加盐了。

2. 橄榄油颜色黄中透绿，诱人的蔬果清香味贯穿于烹饪的全过程，它不会破坏蔬菜的颜色，也没有任何油腻感。另外，橄榄油中的油酸含量与母乳中脂肪酸含量正好相当，是婴儿老人最好的饮食补充品。

油豆腐小炒肉

【材料】

油豆腐1平盘，五花肉2小条，胡萝卜1根，青蒜2根，生姜1片，盐，生抽，老抽，糖，生粉，香麻油，高汤1小碗。

【做法】

1. 将方形油豆腐对角线上切刀一分为二备用；胡萝卜洗净去皮切斜片状；青蒜洗净分蒜青部分与蒜叶部分，斜切成段备用；生姜切沫。

2. 五花肉切薄片状，调入生抽、老抽、糖、生粉拌匀，加入1小勺香麻油拌匀腌制15分钟左右备用。

3. 锅烧热注油，三四成油温时将腌制好的肉片下锅炒散，煸炒至肥肉部分透明焦香时盛出备用。

4. 就着锅内底油，将蒜白段下锅煸香，将胡萝卜片入锅翻炒。

5. 将油豆腐入锅一同翻炒几下后，调入盐、生抽、老抽调味，锅内倒入小碗高汤（高度约为材料的1/2处），将煸香的肉片铺在油豆腐上，锅内材料掂匀加盖焖煮。

6. 油豆腐焖煮至透味（2～3分钟），揭盖转旺火收汁，起锅前将青蒜叶投入锅中兜炒两下，出香即可起锅（喜辣者也可再淋小勺红辣油）。

泡菜回锅肉

【材料】

五花肉，泡菜，葱，姜，料酒，盐，油。

【做法】

1. 五花肉放入锅里，加葱段、姜片，大火烧开煮约10分钟，用筷子能戳透肉，捞起用冷水稍浸，沥干。

2. 将肉切成约4厘米宽的大薄片。

3. 平底锅置火上，放油烧至五成热，放入葱沫，爆香。

4. 加入泡菜，韩式辣椒酱，翻炒。

5. 放入晾凉的肉片，加适量的盐。

蒸茄盒

【材料】

紫皮长茄子2根，五花肉200克，胡萝卜1/2个，黑木耳5朵，小葱1根，大蒜1瓣，生姜1片，自制花椒水2汤匙，蚝油1/2汤匙，食盐1/4茶匙，五香粉适量。

茄盒调味料：鸡蛋1个，生粉适量，自制剁椒1汤匙，食盐1/2茶匙，白糖3汤匙，山西老陈醋3汤匙，芝麻香油适量，香菜1根。

【做法】

肉馅的调制过程：五花肉用清水冲洗干净，用刀先切成片再剁成沫。小葱切葱花，大蒜生姜去皮切沫，放在小碗中用擀面杖捣成碎泥状。小碗里加入2汤匙自制花椒水，搅拌均匀，放在一边浸泡10分钟，使葱姜蒜泥和花椒水的香味融合在一起，滤去葱姜蒜泥，留下花椒水备用。剁好的肉馅放在小碗里，倒入花椒水。用筷子朝一个方向搅打肉馅，使肉馅充分吸收水分上劲。肉馅里加入1/2汤匙蚝油，加入1/4茶匙食盐，撒入适量的五香粉，用筷子朝一个方向搅拌，把肉馅与调味料搅拌均匀。黑木耳提前用冷水泡发切成沫、胡萝卜洗净去皮切沫，小葱切成葱花。切好的黑木耳沫、胡萝卜沫和葱花一起放入肉馅中。用筷子朝一个方向把蔬菜沫和肉馅搅拌均匀。

茄子连刀片的切法：茄子用清水洗净放在案板上，用刀把两端的茄蒂切掉，在茄子一端的切面部位，用刀在距切面一定距离的位置垂直切下第一刀。切到刀刃碰到茄子与案板相接触的一面，但不要切断，形成一个茄子片与整根茄子相连的连刀片，再用刀在距切面一定距离的位置，与第一刀厚薄相等的地方垂直切下第二刀，切到刀刃碰到茄子与案板相接触的一面，用力切断，切下的部分茄子就形成一个连刀茄子片。重复以上方法把整根茄子都切成连刀片，浸泡在淡盐水中备用。

茄子盒的制作过程：左手大拇指和其余四指相配合把连刀茄子片撑开，形成合页状的茄子片，右手用筷子挑去合适的肉馅放在合页状茄子片的中央，大拇指捏的那片茄子松开，覆盖在肉馅上，大拇指和其余四指相配合，轻轻的在茄子表面捏一下，使肉馅均匀地分布在茄片上，茄盒就做好了。依照以上方法，把所有的连刀茄子都夹好肉馅。准备1个干净无水的盘子，倒入适量的生粉，夹好肉片的茄盒两面均匀的粘一层生粉。准备1个鸡蛋磕入碗里，用筷子搅打成蛋液。沾有生粉的茄盒放在蛋液里，使茄盒的两面均匀地被蛋液包裹。

茄子盒的微波蒸制过程：沾有蛋液的茄盒均匀地分散摆放在微波适用硅胶塔吉锅内，自制剁椒1汤匙、食盐1/2茶匙、白糖3汤匙、山西老陈醋3汤匙和芝麻香油适量调成味汁。调好的味汁倒在茄盒上，使味汁均匀的分布每个茄盒。盖好锅盖，把锅放入微波炉中，高火加热10分钟至茄子熟。取出锅，香菜切段均匀地洒在茄子上即可。

香辣什锦菜

【材料】

红萝卜 2 斤，青木瓜 1 斤，朝天椒 50 克，姜 100 克，大蒜 50 克，生抽 30 毫升，高度白酒 15 毫升，冰糖 10 克，盐 10 克。

【做法】

1．红萝卜和木瓜清洗干净后控干水分，将红萝卜和木瓜用刨子刨成细丝。

2．将刨好的红萝卜丝和木瓜丝放到簸箕里摊开，拿到太阳下面去晒（晒半天就可以了）。

3．将大蒜和姜去皮，朝天椒去蒂（如果清洗过的话也要控干水分）。

4．用刀将大蒜和姜切成小块，以便搅拌机打碎。

5．把大蒜和姜、朝天椒放入搅拌机搅碎。

6．把搅碎的辣椒蓉放入红萝卜和青木瓜里，加入高度白酒、生抽、冰糖、盐，用手抓拌均匀（记得带一次性手套），放入密封的容器内冷藏保存，可以立即食用，因为是细丝，所以已经入味了。

鲜虾蘑菇烧豆腐

【材料】

虾 250 克，蘑菇 100 克，豆腐 1 小块，葱姜少许，料酒、盐、胡椒粉、淀粉少许，淡色酱油、胡椒粉、水淀粉少许。

【做法】

1．虾子洗净去头去壳（留着不要扔），从背部中间划开，去除虾线，加腌虾料（料酒、盐、胡椒粉、淀粉）拌匀腌制片刻。

2．锅内倒略多一点油，放入虾头虾壳翻炒（时间要稍微长点），直至锅中的油变为红色，把炸酥的虾头虾壳取出。

3．把腌制好的虾仁放入虾红油中快速大火翻炒至变色马上盛出。

4．锅中余油爆香葱姜沫（如果油多，可以盛出来一部分）。

5．把蘑菇倒入翻炒均匀，再下入豆腐，加入调味料和少许水稍微焖煮入味。

6．最后放入虾子拌炒，用水淀粉勾薄芡，起锅撒上葱花即可。

菠菜拖叶子

【材料】

菠菜叶 15 片，面粉 100 克，鸡蛋 1 个，肉沫 50 克，剁椒 2 汤勺，糖 2 茶勺，香醋 1 汤勺，蒜姜丝各少许，油 1 汤勺，水淀粉 3 汤勺（少许淀粉加水调成的淀粉水）。

【做法】

1．菠菜洗净取叶片备用。

2．将面粉、鸡蛋、水调成面粉糊，稍稠一些，另外，再备一些干面粉。

3．锅中烧开水，马上准备拖叶子。

4．将菠菜叶其中一面在干面粉过一下，然后再挂上鸡蛋面粉糊，由于未用豆面，所以挂糊时稍微费劲些，可借助筷子使其挂得更均匀些。

5．拖叶子做一片即下锅，基本上一片做好，一片可捞出了，捞出后码于盘中。

6．准备浇头，少许油入锅，下蒜姜丝爆香锅，再下肉沫，炒开。

7．放剁椒、糖、醋翻炒几下，香气飘出后，加入水淀粉，搅开并起滚，趁热浇在拖叶子上，吃时拌开即可。

小技巧

1．菠菜过干粉，有助于挂粉糊，如果你有豆面，最好在面粉糊中加适量豆面；

2．面粉糊挂一面即可，这样叶片就会自然卷曲；

3．菠菜很容易熟，所以不用多煮，一般一面沾好，前面一面已经差不多，太烂熟也不好；

4．剁椒本身有咸味，所以不用加盐了，如果味道还是过咸，可以适量加水调和；

5．一定要趁热吃。

小技巧

1．肉馅中加入花椒水可以去腥增香；

2．搅打肉馅要朝一个方向搅打，才能使肉馅上劲口感好；

3．肉馅中可以加入蔬菜，也可以不加，加入蔬菜肉馅更清爽不油腻；

4．连刀茄子浸泡在淡盐水中，可以防止茄子与空气接触氧化变黑；

5．茄子片中加入的肉馅不要太多，适量即可；

6．茄子盒用生粉和鸡蛋液包裹，可以防止蒸制过程茄子吸收水分使茄子萎缩变色；

7．沾有蛋液和生粉的茄子摆盘时不要靠得太近，要有一定的距离，否则蒸好的茄子易粘连在一起；

8．茄子盒的调味料可以根据自己的喜好，调成酸辣汁、鱼香汁、麻辣汁等。

油爆虾

【材料】

海白虾 250 克，红美人椒 2 只，葱姜香菜各 5 克，盐 3 克，糖 3 克，鸡精 2 克，料酒 30 克，生抽 10 克，胡椒粉 1 克，醋 5 克，香油 15 克。

【做法】

1. 将切好的葱姜粒、红椒粒、香菜段放入碗中，加入盐 3 克、糖 3 克、鸡精 2 克、胡椒粉 1 克、生抽 10 克、料酒 30 克、醋 5 克、香油 5 克，搅匀备用。

2. 锅中放入油 50 克，再倒入 10 克香油，将油烧到极热冒烟，倒入虾，立即盖上锅盖，焖制。待锅中的声音变小，再掀开锅盖铲虾炒匀 2 分钟，全部变色，即可盛出。

3. 将炒好的虾，铲出放在漏勺中，沥油备用。

小技巧

1. 先用油锅炒虾：锅中放油炒虾时，虽然不是炸虾，但油也不能少放，大约是虾体积的 1/5，否则虾不容易熟；

2. 再用干锅炒虾：油炒之后，控油，再将锅干烧，烧到极热再放入虾，才能将虾炒干，再放碗汁；

3. 虾量不要太多：家中的锅小，所以河虾不要多，一次半斤最好；

4. 需要用铁锅盖：炒的过程中要用铁锅盖焖，上下一起加热；

5. 火力要足够大：自始至终都是大火伺候。

4. 锅坐火上，不放油，干烧到冒烟，放入虾，干炒 1 ~ 2 分钟倒入"1"中的碗汁，炒匀收汁后，即可关火。这道菜的关键，是将虾皮炒脆，吃起来好消化，它需要炒二次，一次油炒，一次干锅炒。

田园杂蔬

【材料】

草菇 8 个，鲜菇 8 个，胡萝卜半个，西兰花半朵，南瓜 100 克，腐竹 2 条，圣女果 8 个，蒜头 3 瓣，蚝油、色拉油、盐适量。

【做法】1. 胡萝卜削皮切花；鲜菇清洗干净后切厚片；腐竹用温水浸泡至软后切成段，西兰花清洗干净切成小朵，南瓜削皮切稍厚的片；草菇飞水后冲洗干净对半切开；圣女果清洗干净对半切开；蒜头切成蒜沫。把蒜蓉放进塔吉锅，不用盖盖子，放进微波炉高火 2 分钟，爆出香味。

2. 把西兰花、胡萝卜、草菇、鲜菇、南瓜放进塔吉锅，淋上适量的色拉油，加入 20 毫升蚝油，把全部材料翻拌均匀。

3. 盖上盖子，放进微波炉，高火 3 分钟。

4. 取出塔吉锅，放进腐竹、圣女果，调入适量盐，翻拌均匀，继续盖上盖子，放进微波炉，高火 2 分钟。

5. 出炉后，用筷子把全部材料拌匀即可。

小贴士

秋季的萝卜是一年当中口感最好的时候。萝卜的营养价值不必多说大家都知道，可以补气、抗癌，增强免疫力。萝卜也是大众化的蔬菜，营养学家说过秋季是可以滋补肝脏，秋季多吃一些酸性的食物有利于肝脏的调养。把各种萝卜腌制成酸酸甜甜的糖醋口味，既可以解油腻又可以滋补肝脏，无疑是个很不错的做法。

温馨提示

如何挑蛏子，看养蛏子的水和蛏子干净否，要总体上看，干净为好；用手碰碰蛏子，两条管状物看看是否活动自如，以迅速伸缩为好；买这种东西到大市场里去买比较有保证，最好上午去，不要太早，太早了可能会碰到刚入水的货，自然有沙子，当然也不要太晚。买好后可以向老板要点海水，以免途中死掉，死掉的蛏子千万别吃。

三色糖醋萝卜

【材料】

青萝卜200克，白萝卜200克，胡萝卜适量，冰糖200克，白醋150克，清水200克，盐适量，炒熟的黑芝麻白芝麻少许。

【做法】

1. 三色萝卜清洗干净，去掉外皮备用。

2. 胡萝卜用小花模切出花朵状，厚度约1厘米，青萝卜也用模具切出叶子形状，厚度约1厘米，白萝卜去皮切1厘米厚大片，从中间对半切开。

3. 将三色萝卜放入大碗中，加适量盐腌制2小时以上，腌制好的萝卜会有好多水分流出，倒掉水分再用清水冲洗干净并沥干。

4. 清水中加200克冰糖，大火烧开转小火煮30分钟后关火放凉备用。

5. 放凉的糖水倒入150克白醋（可以自行掌握）搅拌均匀，倒入沥干水分的萝卜拌匀。

6. 把萝卜装入密封的容器中腌制2天即可，腌制好的萝卜装入盘中撒少许黑芝麻白芝麻点缀一下。

倒笃蒸蛏子

【材料】

蛏子300克、雪菜汁（雪菜汁一般超市里有成品卖）2汤勺、生姜少许。

【做法】

1. 蛏子加盐、香油浸泡一会儿，彻底洗净外壳。

2. 将洗净的蛏子倒着放入一个碗中，两条管状物朝下摆放，放两片生姜。

3. 锅中水烧开后，再将蛏子放到蒸锅上，大火8～10分钟即可。

【材料】

土鸡半只，生鲜香菇 2 朵，胡萝卜 75 克，淀粉少许，油菜 300 克，葱、蒜各 35 克。

骨香手撕鸡

【做法】

1. 把土鸡的肉和骨分离，鸡骨切成小块，用 1／2 匙和 1／4 匙五香粉腌制 5 分钟左右后，加入淀粉，入 170 度油锅中炸 3 分钟后取出备用。

2. 鸡肉切成条状，用 1／2 匙蚝油、1／4 匙的盐、糖、淀粉、麻油和 2 大勺高汤腌拌 10 分钟。

3. 油菜、香菇、胡萝卜切成条状。

4. 油菜先入锅炒，加盐、半杯水，炒熟后取出铺在盘底，另把炸好的鸡骨放在上面。

5. 取鸡肉入 140 度油锅 8 秒钟，熟即捞出。

6. 用锅中残留的油，爆香葱、蒜、香菇和胡萝卜，放高汤微微闷一下，放入鸡肉和其余调味料，转大火快炒，起锅放在鸡骨上就好了。

小技巧

1. 一定要买活蟹，吃死蟹可能会出现呕吐、腹痛、腹泻等症状；

2. 蒸的时候放点姜葱可以去腥。

3. 如何选购红鲟。选购时要四看。一看颜色，青背白肚、金爪黄毛者品质好；二看个体，个大健壮、厚实、手感沉重的为肥大壮实的好蟹；三看腹脐，腹部饱满厚重，肚脐向外凸出，轻轻打开腹脐，隐约可见黄色者为佳；四看蟹腿，蟹腿上蟹毛丛生，腿部坚硬，很难捏动的螃蟹最肥满。

芙蓉蒸红鲟

【材料】

红鲟 1 只，鸡蛋 1 只，胡萝卜，姜、葱各适量。

【做法】

1. 红鲟买回用刀子从壳和身子的接缝处插入，片刻红鲟就不动了，然后用刷子清洗干净。

2. 切成小块，码在浅口的盘子上，放上适量的胡萝卜丝、葱段和姜丝。

3. 倒入打散的鸡蛋（鸡蛋中要加点盐调味）。

4. 入烧开的锅中蒸上 12 ～ 15 分钟就可以了。

小技巧

1. 韭菜容易出水，腌渍肉馅时要放够盐，拌入韭菜就要尽快包；

2. 蛤蜊的黑包要去掉，牙磣；

3. 虾皮要事先浸泡去除盐分；

4. 包好后要按扁，煎起来易熟。

三鲜蛤蜊韭菜盒子

【材料】

面粉3碗，韭菜300克，猪肉200克，活蛤蜊1斤，虾皮1小把，鸡蛋3个，盐、生抽、蚝油、香油、花生油各适量。

【做法】

1. 猪肉剁成馅，用盐、生抽、蚝油、香油腌渍。

2. 鸡蛋炒成碎块。

3. 烧开水，把蛤蜊煮开口，过凉水后取出蛤蜊肉。

4. 韭菜切碎，加入鸡蛋碎、蛤蜊肉、猪肉馅、虾皮搅拌均匀。

5. 面粉浇入刚烧开的水，搅成雪花状，稍凉后揉成面团醒20分钟。

6. 面团分成小剂，擀薄皮。

7. 包入三鲜馅成大饺子状，边上捏上花边。

8. 平底锅放少许花生油，放入韭菜盒子，煎至两面金黄。

【材料】

土豆，培根，孜然。

孜然培根土豆夹

【做法】

1. 土豆洗净，去皮。

2. 把土豆切片，第一刀，不要切断，第二刀切断，切成连刀片。

3. 先把切好的土豆片泡在水里。

4. 取一个土豆片夹，先抹上一层孜然放上一片培根再抹一层孜然，把土豆夹合住。

5. 平底锅烧热，涂上一层油，把土豆夹挨个放进锅里，煎至两面金黄即可。

温馨提示

1. 干冬菇用鲜冬菇代替也可以，只是不如泡发的香；

2. 老抽没有也可以不放，放点老抽只为了上色；

3. 盐不要一次调的过多，冬菇比较入味，可以等最后收浓汤汁时觉得味道不够再调整。

【材料】

南瓜，杏仁，面粉，奶油，白糖，椰浆。

栗子冬菇焖鸡

【材料】

鸡半只，栗子 300 克，泡发冬菇适量，葱 1 段，姜 1 块，八角 1 个，桂皮 1 块，生抽、老抽、盐，糖适量，料酒少许。

【做法】

1. 将鸡斩块洗净沥尽水分备用，栗子去皮备用，冬菇泡发（泡发冬菇的水不要扔掉）。

2. 炒锅注油烧热，入葱、姜、八角、桂皮爆香。

3. 下入鸡块煸炒，倒入少许料酒和生抽继续煸炒至鸡肉微黄。

4. 加入泡发冬菇的水没过鸡块，倒入少许老抽，放入栗子、冬菇，调入适量盐和糖，大火烧开，转中火焖熟，最后大火收浓汤汁即可出锅。

免烤南瓜布丁

【做法】

1. 准备好原料。先净杏仁放到锅里，开小火慢慢翻炒，煎至两面焦黄取出备用。

2. 南瓜去皮，切小块备用。

3. 把南瓜块放到锅中，加入适量清水，开中火煮至绵软，关火，用铲子压成南瓜蓉。

4. 往南瓜蓉里倒入椰浆，搅拌均匀至稠状。

5. 再加入适量面粉，开小火，不断地用刮刀拌匀，直到南瓜蓉里没有小面团。

6. 加入白糖，拌匀调味。

7. 关火，加入一小块奶油，用锅内的余温融化奶油，以增加香滑口感。

8. 稍凉后倒入布丁模中，食用时配合煎好的杏仁，香香滑滑，香甜正好，冰冻后食用，口感更好。

香辣花仁鸡丁

【材料】

鸡腿 2 个（去除骨头后，净肉大约 600 克），去皮的熟花生 100 克，辣豆瓣酱 1 大勺，生抽 1 大勺，老抽少许，葱多一些，生姜 3 片，花椒 1 把，干辣椒 3 个，辣妹子辣椒适量（根据自己的口味决定），植物油 1 大勺，料酒适量，白糖 1 小勺，干淀粉 1 小勺。

【做法】

1. 将鸡腿在清水中泡 20 分钟，泡去血水，洗干净。将鸡腿去骨后切成 2 厘米左右的方块，将切好的鸡肉放入乐扣格拉斯玻璃保鲜盒中，放料酒和生抽、胡椒粉、少许的淀粉拌匀盖上盖子腌制 20 分钟以上。

2. 将锅中放入一把葱段、生姜和用刀剁细的辣豆瓣酱和一大勺色拉油，盖上盖子放入微波炉中高火 2 分钟将调料爆香。

3. 然后将腌制好的鸡肉放入锅中，再加少许老抽和白糖拌匀，让拌匀的鸡肉盖上锅盖放入微波炉中高火 6 分钟后取出。

4. 将锅里面的红油和汤汁倒入格拉斯保鲜盒中，放入一把干花椒和剪成段的干辣椒，将盖子轻轻搭在保险盒上（千万不要将盒盖四周的卡扣扣上，这样容易引起微波炉的安全问题），放入微波炉中高火 2 分钟，将调料爆出香味。

5. 将花椒和干辣椒捞出，将盒里面的油汁倒入玻璃锅的鸡肉中拌匀，再放入花生米、大把的葱花和切成小圈的辣妹子辣椒拌匀，盖上盖子，放入微波炉里高火 3 分钟即可。

小技巧

1. 栗子最好用先蒸后烧的方法，这样不但栗子味香，而且容易入味；

2. 栗子本身有甘甜味，所以无需额外加冰糖。

香菇烧栗子

【材料】

栗子，香菇，青椒，红椒，盐 1/2 小匙，老抽 1 小匙，生抽 1 小匙，姜 2 片。

【做法】

1. 栗子剥掉外壳，上蒸锅蒸 8～10 分钟。香菇去蒂撕成块，青椒、红椒去蒂籽切块待用。

2. 锅烧热下油，下姜片爆香，再下香菇炒出香味，随后下蒸好的栗子炒匀，加快要没过菜的水。

3. 水开后加入盐、生抽、老抽调味，盖上锅盖小火焖 10 分钟。

4. 打开锅盖，加入青椒、红椒，大火翻炒收汁即可。

葱花海蛎炒鸡蛋

【材料】

海蛎 200 克，香葱适量，鸡蛋 3 个，盐、料酒、白胡椒粉、地瓜粉适量。

小技巧

1. 油温差不多五成热，这样鸡蛋不容易粘锅；

2. 倒入后转中小火至一面稍微定型，不容易糊锅底；

3. 海蛎用盐水浸泡后再冲洗，这样附在海蛎上的杂质就很容易去除了。

【做法】

1. 海蛎事先用盐水浸泡 15 分钟左右，洗净沥干。

2. 将葱花、鸡蛋、海蛎放入碗中，加入调味品搅拌均匀。

3. 热锅入油，倒入海蛎鸡蛋糊，摊开，煎至稍微定型。

4. 用铲子划散，继续翻炒 5 分钟左右，看海蛎熟了就可以了。

虾酱蒸烧肉

【材料】

烧肉 350 克，虾酱 1 汤匙，姜丝、葱适量。

【做法】

1. 烧肉切成厚薄大概一致的块，加入姜丝和虾酱。

2. 拌匀后放进蒸锅，大火蒸 8 分钟左右。

3. 葱切花，用凉开水洗干净，出锅后撒上葱花。

4. 用筷子把烧肉与葱花、虾酱汁一起拌匀，就可以吃了，趁热吃，冷了会有腥味。

小技巧

1.切牛肉的时候，要逆着牛肉的纹理切片，再切丝；

2.腌牛肉丝的时候可拌入1小勺油，过油的时候油量要略多一点，下锅后快速拨散，这样就不会粘成一团，也不容易变老；

3.黑胡椒和洋葱、牛肉是绝配，根据自己的口味酌量添加；

4.这道菜不要拌炒过久，否则牛肉容易失去滑嫩的口感。

黑椒洋葱牛肉丝

【材料】

牛里脊肉 250 克，洋葱 1 个，香菜 1 小把，红辣椒 1 个，腌肉料（料酒 1 大勺，生抽 1 小勺，黑胡椒粉适量，淀粉 1 大勺，食用油 1 小勺），蚝油 1 大勺，盐少许。

【做法】

1.牛里脊逆纹切片再切成丝，加腌肉料腌制片刻。

2.洋葱、红辣椒切丝，香菜切段备用。

3.锅中倒油烧热，放入腌好的牛肉丝大火快速滑炒至牛肉七成熟时盛出。

4.用锅中的余油爆香洋葱丝和香菜根部。

5.加入炒好的牛肉、红椒丝及耗油、盐、黑胡椒粉快速拌匀。

6.起锅撒上剩余的香菜段即可。

苤蓝肉丝

【材料】

里脊肉，苤蓝，姜，蚝油，盐，食用油。

【做法】

1.里脊肉切丝，加姜丝、蚝油和食用油拌匀腌制 10 分钟左右。

2.苤蓝去皮切丝。

3.锅内倒少许油烧热，放入腌好的肉丝，划炒至肉丝变白。

4.放入苤蓝丝，大火翻炒 1 ～ 2 分钟，加盐调味即可。

【材料】

鸡翅,腐乳,蚝油,葱姜,其他调味品适量。

蚝油腐乳翅

【做法】

1. 鸡翅正反面各斜切两刀备用,方便入味。

2. 葱切斜刀,姜切片备用。

3. 腐乳碾碎加一勺腐乳汁调匀。

4. 锅中放适量油,把鸡翅凉面煎至金黄。

5. 将鸡翅拨到锅的一边,下葱姜爆香,并烹入适量料酒翻炒鸡翅。

6. 倒入腐乳汁快速翻炒。

7. 加适量蚝油,倒入没过鸡翅的开水。

8. 大火烧开,加糖调味,腐乳和鸡翅均有咸味,基本不用加盐,口味重的朋友可酌情加少许,转小火炖煮 20 分钟,若汤汁多,开大火收干即可。

琥珀鸡蛋

小技巧

1. 皮蛋之所以要蒸一下,是因为便于切割,不然皮蛋黄会是粘液状的,感觉很脏;

2. 用 1 个皮蛋塞 3 个普通大小的鸡蛋正好,塞太多蛋白少了,也不利于凝固,且可能把蛋黄挤破或是变形;

3. 蒸制时,如有其他容器当然最好,没有的话可以直接放在我们平常吃饭的 3.5 寸左右小碗中,正好可以放 3 个蛋;

4. 一定要提醒大家的是:鸡蛋请确保新鲜,久存的鸡蛋很容易碎黄,也不利于健康;

5. 新鲜鸡蛋也可以换成咸鸭蛋,口感更好。

【材料】

鸡蛋 3 个,皮蛋 1 个。

【做法】

1. 将皮蛋清洗干净,煮或蒸一下(大火 8 分钟左右),使其彻底凝固。

2. 取出后在冷水中浸一下,迅速剥壳。

3. 用刀切成小粒,太大的话塞入不方便。

4. 鸡蛋也同样洗净备用。

5. 用剪刀在鸡蛋的大头轻轻磕出一个小洞,然后剪出一个空顶,将切成小粒的皮蛋用筷子逐渐塞入,注意用力不要太大,以免把蛋黄捅碎。

6. 将鸡蛋放在一个小碗中竖放,蒸锅上汽后将蛋放上去蒸,10 分钟左右就可以了,关火后不要立即取出,再稍焖几分钟即可。

杂粮蔓越莓

【材料】

法国粉 500 克，杂粮颗粒 50 克，盐 10 克，低糖酵母 10 克，麦芽精 5 克，法式老面团 50 克，水 300 克，酒渍蔓越莓干 150 克。

【做法】

1. 将干性材料和湿性材料一起搅拌至面团光滑有弹性，加入酒渍蔓越莓干搅拌至面团完成阶段。

2. 室温 30 度发酵 60 分钟。

3. 分割成 200 克一个滚圆松弛 30 分钟。

4. 将面团排气成型至圆柱形。

5. 以温度 30 度室温发酵 50 分钟。

6. 表面洒上低筋面粉，用剪刀剪上刀口。

7. 以上火 220 度下火 200 度打蒸汽烘烤 20 分钟即可。

西芹枸杞炒百合

【材料】

西芹，百合，枸杞，油，盐。

【做法】

1. 西芹洗净，抽去老筋，切菱形块。

2. 百合去蒂和黄边，掰成瓣，洗净；枸杞洗净。

3. 炒锅置火上，放入油，烧至五成热，放入西芹快速翻炒。

4. 加入鲜百合，一起翻炒，百合略透明后，加入枸杞、翻炒均匀即可。

小鱼锅贴

【材料】

小鱼 1000 克，葱 15 克，姜 15 克，蒜 15 克，红辣椒干两根（装饰用，也可以一起煮），蒜蓉香辣酱 10 克，花生辣酱 10 克，生抽 15 克，老抽 5 克，白糖 5 克，盐 5 克，料酒 10 克。

【做法】

1. 鱼清洗干净。锅中放少许油，油热后，倒入葱沫姜片爆香，再倒入鱼。倒入花生辣酱，再倒入蒜蓉辣酱。

2. 再加上各种调料和适量的水。煮一会儿，汁要有一些，过会儿沾饼吃。

3. 倒入一个大的碗中。

温馨提示

1. 小鱼锅贴用的就是新鲜的小鱼。以湖里的为最佳；

2. 煮的时候多一些汤汁就饼才香；

3. 饼要脆且薄，这样吃起来有滋有味。

【小鱼锅贴的饼做法】

面粉 200 克，水 200 克左右，盐 1 克。

1. 将面粉和盐和水搅拌均匀。

2. 电饼铛烧热后，抹一层油，将饼面糊少许倒入锅中。

3. 用铲子摊平。

4. 烙至稍黄些时，再在饼底倒一些油，烙至金黄色。底部脆且薄。

蟹肉炒鸡蛋

【材料】

大闸蟹 1 只，鸡蛋 2 个，小葱 1 根，生姜沫、淀粉各少许，色拉油，食盐。

【做法】

1. 鸡蛋液加少许清水打散，蒸熟的大闸蟹挑出蟹肉备用，取 1/3 的蟹肉加少许水烧开，再加入少许淀粉水勾芡起锅备用。

2. 热锅中倒入少许色拉油，放入切好的姜沫爆香，再放入蟹肉炒散，倒入鸡蛋液继续翻炒均匀，鸡蛋液八成熟的时候倒入之前备用的蟹肉汤炒匀。

3. 炒匀后加入少许盐和葱花关火，起锅装盘即可。

小技巧

1. 提前做好淀粉加水调匀，鸡蛋加少许清水打散备用；

2. 鸡蛋液加水是为了防止加热过程中口感老化；

3. 勾芡的汤汁不要太浓稠，流动状态即可；

4. 翻炒的时候鸡蛋熟了即可关火起锅。

洋葱烧鸡块

【材料】

鸡块 300 克，洋葱半个，色拉油，食盐，料酒，李锦记秘制红烧汁，细砂糖，鸡精。

【做法】

1. 鸡肉洗净切成块，用盐和料酒腌制约 5 分钟，洋葱洗净，切成块状备用。

2. 油锅烧热，放入腌制好的鸡块翻炒几下（鸡肉表面颜色变白）。放少许细砂糖继续翻炒。

3. 倒入少许李锦记的秘制红烧汁，继续翻炒。

4. 汤汁若不够可加入少许清水用大火烧开，烧制快收汁前放入切好的洋葱块。

5. 炒至洋葱断生，放入少许鸡精关火，起锅装盘即可。

小技巧

1. 切洋葱的时候把刀和案板都沾点水，这样切的时候不会让眼睛难受；

2. 秘制红烧汁有点甜味，如果不喜欢吃甜的，可以不放细砂糖。

烤鸡肉丸子

【材料】

鸡肉（鸡腿肉为佳，也可用鸡胸肉）500 克，油 3 大勺，咸肉（江南一带常用来做腌笃鲜的咸肉，也可以用培根，但是应该减少一点用料）60 克，洋葱半个，奶酪（半干或者干质的奶酪最佳，如帕马森、车达等）40 克，芹菜叶子（如果有欧芹更佳）少许，面包渣 20 克，鸡蛋 2 个，盐 3/4 小勺，胡椒粉少许。

【做法】

1. 洋葱切碎沫、芹菜叶切碎沫、咸肉切小碎粒，鸡肉剁成极小粒。

2. 锅内加橄榄油 3 大勺，中火加热，倒入咸肉粒翻炒 2 分钟。

3. 加入洋葱碎，翻炒 4 分钟，待洋葱出水变软，关火放凉备用。

4. 一个大碗里加入鸡肉馅、奶酪粉、芹菜叶沫、面包渣、鸡蛋、盐和黑胡椒，最后加入放凉的洋葱炒咸肉，搅拌均匀所有的东西后，给肉打上劲儿。

5. 烤盘上铺纸，做成一个一个圆形小肉丸，放入烤箱烤 20 ~ 30 分钟（烤箱温度为 220 度）。

6. 鸡肉丸子做好后可以直接食用，不过用一些酱汁来调味后放入丸子炒炒，味道会更好。比如可以用洋葱炒熟番茄沙司后，放入丸子裹上酱汁后盛盘，就是酸甜口味的鸡肉丸；也可以把日式方便咖喱卤加少许水煮沸腾且粘稠，倒入丸子小煮一会儿，便成咖喱鸡肉丸子。而且，鸡肉丸子一次可以多烤一些，然后放入冰箱冷冻，吃的时候与各种酱汁随心组合，方便又美味。

小技巧
1．螃蟹是寒性食物，生姜多加一点；
2．吃螃蟹的时候，可以准备一杯姜汤来驱寒。

选螃蟹妙招
1．观色泽。壳背呈墨绿色的，一般体厚坚实，呈黄色的，大多较瘦弱。将螃蟹置于阳光或灯光下背光观察，蟹盖边缘不透光的说明螃蟹肥满，若透亮缝隙可见，则螃蟹比较空。
2．看腹脐。肚脐凸出来的，一般都膏肥脂满，凹进去的，则膏体不足。腹脐黑色越多则螃蟹越肥，轻轻打开腹脐，隐约可见黄色者为佳。对河蟹来说，有"九月（农历）吃公、十月吃母"的说法，肚脐圆的是雌蟹，肚脐尖的为雄蟹。
3．掂轻重。手感重的肥大壮实，手感轻飘多是干瘪肉少。将螃蟹翻转肚皮朝上，能迅速用蟹足弹转翻回的，爬的时候肚子离地面高，健康鲜活。
4．查足脚。蟹足上刚毛丛生、毛色金黄的较好，腿部坚硬、很难捏动的螃蟹最肥满。

酱爆螃蟹

【材料】
活螃蟹2只，小葱1根，生姜丝，干辣椒，色拉油，料酒，李锦记特级海鲜酱油，鸡精。

【做法】
1．把螃蟹洗净，用剪刀把一只螃蟹剪成6块备用。
2．油锅烧热，把生姜切成丝，干辣椒切成小段放入油锅中爆香，把螃蟹倒入锅中翻炒几下。
3．锅中倒入少许料酒继续翻炒，再倒入少许李锦记特级海鲜酱油翻炒，最后加少许清水盖锅盖用大火烧2～3分钟把螃蟹烧熟。
4．收汤汁后，加入少许鸡精关火，小葱切沫撒入螃蟹中翻炒匀起锅即可。

花雕蒸醉蟹

【材料】
大闸蟹，花雕酒，镇江香醋，姜，花椒。

【做法】
1．将新鲜的大闸蟹清洗干净（先用盐水养一会，使它吐出污物，然后将其周身用刷子刷干净就可以）。
2．将洗好的大闸蟹用草绳捆好。
3．盆里放上姜片倒入花雕酒，撒上花椒，将大闸蟹翻个放入腌制半小时。
4．将腌好的大闸蟹放入笼屉，记住一定翻个放（这样可以避免蟹黄或者蟹膏蒸熟后流出），放上姜片。
5．将姜切丝倒入镇江香醋或者大红浙醋。

小技巧

1. 蟹如果比较大，可以切得再小一点。切是为了更入味；

2. 辣椒酱根据各人口味来放。喜欢辣的多放一点；

3. 蟹一定要买活的。死了是不能吃的；

4. 螃蟹也分公母，肚子上是横的就是母的。如果有突起的纹路就是公的。

香辣蟹

【材料】

蟹 3 只，葱 15 克，姜 15 克，蒜 15 克，辣椒干 5 只，料酒 15 克，盐 3 克，糖 3 克，生抽 5 克，辣椒酱 15 克。

【做法】

1. 将蟹买回来后，泡在盐水中 1 小时。洗刷干净。然后将爪子剁下来。

2. 蟹切成两半，如果比较大，切四半。将切口处沾上面粉。这样蟹黄不会流出来。

3. 葱切段。姜切丝，蒜切沫。锅中放入全部的姜丝，一半的葱沫，一半的辣椒爆香。

4. 将蟹沾面粉的部位先炸一下，再将其他的爪子一起倒入，加入各种调味料和适量的水，煮至汤汁收干。再加入另一半的辣椒和葱段起锅。

小技巧

1. 蘑菇可以换成口蘑、鲜蘑、海鲜菇、鸡腿菇等，根据自己口味来选择，不建议用香菇，香菇比较抢味；

2. 羊肉片是上次吃火锅剩下的，没有可以不放；

3. 如果没有灯笼辣椒酱，可以选择其他合口的辣椒酱。但建议还是尽量使用灯笼辣椒酱，味道很特别，不是别的辣酱能够代替的。淘宝或者一般大型超市都有售；

4. 如果实在不喜欢吃蛎黄，可以用其他海味代替，比如扇贝肉、蚬子肉、虾仁等。

蛎黄杂菇煮冻豆腐

【材料】

蛎黄，冻豆腐，蟹味菇，金针菇，羊肉片，姜沫，辣椒酱，盐。

【做法】

1. 锅里倒油，放入姜沫和辣椒酱，炒香，放入适量清水，大火烧开。

2. 放入蘑菇和冻豆腐，大火烧开后转中火再煮 5 分钟。

3. 放入羊肉片和蛎黄，煮至羊肉片和蛎黄成熟，加盐调味即可。

小技巧

1.红薯要挑表皮干净、无黑斑、无腐烂的,个头可以稍大些;

2.一定要晾晒,否则煮时会变成红薯糊,且晾晒过的红薯会更甜糯,这一步千万别省;

3.必须趁热吃,冷了之后风味大减,另外糖尿偏高者慎食。

糖浆地瓜

【材料】

红薯 500 克,糖(白糖或冰糖均可)150 克,水 300 毫升。

【做法】

1.红薯洗净,切成大小1致的粗条,摊开晾晒几小时,至表面结"壳"发干。

2.将红薯放到锅中,加水煮,水不要多,稍没过红薯就行。

3.至水收至半干,加入糖轻轻搅开继续煮。

4.煮至水全收干,糖浆均匀包裹在地瓜上,即可装盘开吃。

【材料】

素鸡,肉馅,鸡蛋,淀粉,面包糠,食用油。

香酥素鸡夹

【做法】

1.素鸡1根,洗净备用。

2.切成薄片,两片之间不要切断,连起来备用。

3.准备一份肉馅,将肉馅均匀涂抹在豆腐片上,将添入肉的素鸡蘸一层干淀粉,放入蛋液里滚一层蛋液,再裹上一层面包糠备用。

4.炒锅放油,烧至温热,油温太高,容易炸糊外衣。

5.将豆腐夹逐片放入锅内炸制,注意火候的控制,不要太大,否则炸出的外衣不好看,炸至两面金黄即可。

6.沥油捞出,装盘即可食用,也可以按照自己的口味,制作一份味碟,蘸食吃。

青椒鱿鱼花

【材料】

青椒2个，冰鲜鱿鱼2只（350克），姜丝少许。

【做法】

1. 将鱿鱼的外衣剥去，从侧边剪开洗净（尤其要注意鱿鱼内部的墨汁囊千万别弄破了，还有鱿鱼的眼睛也要轻轻地挤破以免红色液体到处溅），接着在里面柔软的那面划花刀，然后朝直角方向切同样的花刀（花刀间距可以小些，这样形成的鱿鱼花会很漂亮）。

2. 然后切成小片，入热水中焯烫即成鱿鱼花（水中加点姜片和少许的料酒帮助去腥）。

3. 青椒去蒂去芯切成滚刀状。

4. 热锅少油，放入姜丝，然后将鱿鱼和青椒一起倒入，加入适量鱼露翻炒片刻，适当加点糖提鲜即可。

小技巧

1. 焯烫的时候用姜表面切下来的那层皮，留下的部分用来炒鱿鱼，这样既不浪费也达到了去腥的目的；

2. 鱼露和海鲜很搭的，不喜欢的朋友可以改成盐；

3. 大火快炒吧，时间久了鱿鱼的口感就差了，而且青椒也会流失很多营养的；

4. 新鲜的鱿鱼表面那层红色的膜很容易就撕下来的，这个也是观察鱿鱼是否新鲜的标准之一。

姜葱炒梭子蟹

【材料】

梭子蟹2只，姜1块，葱2根，蒜1瓣，盐，糖，美极鲜酱油（生抽或红烧酱油鲜贝露均可）。

【做法】

1. 梭子蟹清洗干净，去除尾部去蟹腮，用毛刷刷干净，由蟹肚中间剖开，再分切成6块；蟹钳用刀背略砸破；姜切丝，葱切段，蒜切片。

2. 取适量生粉放入盘中，将切块的蟹两面均匀沾上生粉（使蟹肉细嫩及锁住蟹肉），钳及壳不用沾粉；锅中多放些油烧热后，先放入姜丝蒜片略煸香，再将所有梭子蟹块一同放入锅中。

3. 大火爆炒至颜色变红，调入多一些的黄酒，适量白糖，美极鲜酱油（可根据个人口味再决定是否需要再加一点盐，因酱油本身已经含盐）翻炒，可添加少许水使食材湿润，出锅前撒上葱段再翻炒两下即可。

干煸杏鲍菇

【做法】

1. 洋葱洗净切丝；杏鲍菇洗净切片，入沸水余烫后滤水，加少许生抽拌匀腌制 15 分钟。

2. 炒锅里加入 1 勺油，小火将杏鲍菇片两面都煸成微黄色盛出。

3. 到入洋葱煸出香味，倒入杏鲍菇片一起煸炒。

4. 最后加入盐、胡椒粉调味，炒匀即可。

【材料】

杏鲍菇，洋葱，生抽，盐，胡椒粉。

家熬小黄鱼

【材料】

小黄鱼，鸡蛋，花椒，干辣椒，葱姜蒜，盐，糖，甜面酱，番茄沙司，酱油，鸡精，料酒，胡椒粉。

【做法】

1. 小黄鱼的个头，不超过小瓷勺的大小，身上基本无鳞，用手指在水中刮一下，冲洗干净即可。然后，用剪刀剪去鱼头，并清除内脏，一并冲洗干净。

2. 将小黄鱼放在容器中，撒上盐、料酒、花椒、葱姜蒜、胡椒粉腌制 1 小时。

3. 在腌制的同时，调制挂糊：1 斤小黄鱼（没去头时的重量），放 1 个鸡蛋，10 克面粉，10 克淀粉，将鸡蛋在容器中打散，放入面粉、淀粉，搅成鸡蛋糊即可。

4. 将 5 ～ 6 条小黄鱼码放到盘中，将鸡蛋糊浇在上面即可。

5. 锅中放入与小鱼同等高度的油，烧至六成热推入鱼排，入锅后不用翻面，将热油不断浇在鱼上面，煎熟盛出。

6. 锅中放油，先放入花椒，小火煎香，再依次放入干辣椒、葱姜蒜爆香，然后放入 1：1 的甜面酱、番茄沙司，再放入料酒、酱油、白糖、鸡精、胡椒粉、清水，其中，清水要稍微超过鱼的高度，并尝好口味后，直接放入鱼排小火炖制 20 分钟即可。

温馨提示
1. 肉丁应切得大小均匀，调料比例要恰当；
2. 用此法操作可制麻辣牛肉丁、鸡肉丁、兔肉丁。

麻辣肉丁

【材料】

瘦猪肉 200 克，冬笋 50 克，红辣椒 15 克，绍酒 15 克，精盐 3 克，酱油 10 克，白糖 7 克，味精 1 克，花椒沫 2 克，葱 3 克，干淀粉 10 克，水淀粉 15 克，辣油 10 克，花生油 750 克（实耗 50 克），鸡蛋清 1 个。

【做法】

1. 将猪肉切成 1.4 厘米宽的方丁，用绍酒 5 克、精盐 2 克、鸡蛋清、干淀粉拌匀上浆待用，冬笋、红辣椒切成丁，葱切成小段。

2. 炒锅上火烧热。放入花生油烧至四成热，倒入肉丁滑油，后倒入漏勺沥油。

3. 原锅上火，加入油 50 克，倒入葱段、冬笋丁、红辣椒丁煸炒，加入绍酒、酱油、白糖、味精、精盐 1 克烧沸，用水淀粉勾芡，倒入肉丁，加入辣油、花椒沫翻锅装盘即可。

扒鸡腿

【材料】

去骨熟鸡腿 4 个，鲜姜 1 克，葱白 1 段，大料 2 瓣，酱油 25 克，精盐 5 克，料酒 20 克，白糖少许，味精 5 克，水淀粉 40 克，葱、姜沫各少许。

【做法】

1. 将鸡腿皮朝底，码入大碗内，加入葱段、姜片、大料和适量的精盐、料酒、老汤，上屉蒸至熟烂，出屉晾凉待用。

2. 将蒸烂的鸡腿顶刀切成坡刀块，皮朝下码入盘内。炒勺置火上，放油烧热，下葱姜沫炝勺，烹料酒、酱油、汤，将鸡腿按原样轻轻熘放勺内，放盐、白糖、味精、汤沸，勾芡，淋入明油即成。

香酥鸡腿

【材料】

鸡腿 4 只（约 400 克），团粉，五香粉，酱油，味素，葱，姜，香菜，香油。

【做法】

1. 鸡腿放进盆里，用五香粉、酱油、味素、香油拌匀，再放上葱、姜块和香菜段，略腌 20 分钟左右，上屉蒸熟取出。

2. 勺里放多量油烧热，把蒸熟的鸡腿挂一层稀而薄的团粉糊下勺里，炸至杏黄色捞出改成条后，按原形码在盘里即可。

菊花青鱼

【材料】

青鱼 1 条（1000 克），绍酒 15 克，精盐 4 克，绵白糖 150 克，蕃茄酱 100 克，香醋 40 克，蒜沫 5 克，姜沫 10 克，干淀粉 100 克，水淀粉 20 克，精制菜油 1000 克（实耗 150 克）。

【做法】

1. 将青鱼刮鳞，去鳃，去内脏，斩下头尾，洗净，中段一批两片，去肋骨和脊骨，再把每片鱼肉横放砧板上，用刀斜批至皮，每批三刀切断，共切成 10 块。再将鱼块放在砧板上，直剞至鱼皮，刀距均 0.6 厘米，不能破皮，用绍酒 10 克、精盐 3 克腌渍一下，拍上干淀粉，并抖去余粉，成菊花鱼生坯。

2. 炒锅置旺火上烧热，加入菜油，烧至十成熟时，把菊花鱼生坯抖散，皮朝下放入油锅炸至黄色捞出，待锅内油温上升到八成熟时再把菊花鱼复炸一次捞出装盘。

3. 在炸鱼的同时，另取炒锅置旺火上烧热，放入菜油 25 克，投入姜沫、蒜沫炸香后，随即放入绍酒、盐、白糖、蕃茄酱略炒，加入清水 150 克，烧沸，用水淀粉勾芡，淋上香醋、热油 40 克搅匀，浇在炸好的菊花鱼上即成。

蟹黄菜心

【做法】

1. 将菜心洗净，用刀在菜头上切上十字刀纹，葱切成葱花，生姜切成沫。

2. 炒锅上火放入水烧沸，倒入菜心焯水晾凉，再把锅烧热，加入菜油烧至六成热，将生姜沫、葱沫煸香，倒入鲜蟹黄肉略煸，加入绍酒、精盐、味精、胡椒粉、鸡汤、焯水后的菜心烧沸，用水淀粉勾芡，淋入少量油，装盘即可。

【材料】

鲜蟹黄肉 150 克，青菜心 12 棵，精盐 3 克，味精 0.1 克，绍酒 5 克，葱 5 克，生姜 4 克，胡椒粉 0.5 克，鸡汤 150 克，水淀粉 10 克，精制菜油 50 克。

小技巧

1. 制糊不宜太稀或太稠；

2. 煎时火力不能太大，防止煎焦；

3. 采用此法可制锅贴鸡、锅贴肉等。

锅贴鱼片

【材料】

净鱼肉 125 克，熟猪肥膘肉 150 克，咸菜叶 5 张，鸡蛋 1 只，葱椒盐 10 克，鸡蛋清 1 只，绍酒 10 克，熟猪油 70 克，干淀粉 10 克，糯米粉 50 克。

【做法】

1. 将鱼肉批成 5 厘米长、3.5 厘米宽、0.4 厘米厚的片 10 片，放入碗内，加葱椒盐、绍酒腌渍。熟猪肥膘也批成与鱼片同样大小的 10 片。咸菜叶也切成比鱼片稍大的片。

2. 碗内放鸡蛋清 1 只、干淀粉 10 克，搅成蛋清糊，将肥膘肉 10 片平摊案板，抹上一层蛋清糊，逐片覆上 1 片鱼片，再抹上一层蛋清糊，盖上 1 张咸菜叶，成锅贴鱼片生胚。蛋清糊碗内再磕入鸡蛋 1 只，加入糯米粉，搅成鸡蛋米粉糊。

3. 炒锅上中火烧热，放熟猪油 70 克，将锅贴鱼坯蘸满鸡蛋米粉糊放入锅内一面煎黄，一面用热油泼熟，然后用刀切块装盘。

小技巧

1. 花菜一定要把花蕾中黑斑去尽；

2. 牛奶倒入锅中加热时间不宜过长，否则易焦糊；

3. 配料如没有火腿可用胡萝卜代替。

奶油花菜

【材料】

花菜 500 克，火腿沫 5 克，牛奶 70 克，精盐 3 克，绍酒 10 克，味精 1 克，鸡汤 200 克，水淀粉 10 克，精制菜油 50 克。

【做法】

1. 花菜去根，削去黑斑，洗净，将花蕾用刀切成小块，放入沸水锅中焯水捞出。用清水浸泡一下，然后捞起沥干。

2. 炒锅上火，放入油烧至六成熟，倒入花菜，加入鸡汤、绍酒、精盐、味精烧沸，用水淀粉勾芡，加入牛奶与芡汁调匀烧至略沸，出锅装入盘中，撒上火腿沫即成。

小技巧

1. 炒黄酱时火力不宜太大，防止炒焦；

2. 焖扁豆时加水不能太多，待扁豆焖烂后即可装盘。

肉片扁豆

【材料】

扁豆 500 克，五花肉 100 克，黄酱 60 克，蒜沫 10 克，绍酒 10 克，酱油 5 克，白糖 5 克，味精 1 克。

【做法】

1. 扁豆择去老筋，用手掰成 5 厘米长的段，洗净。猪肉切成小长方片。

2. 炒锅上火烧热，倒入油烧至七成熟，倒入蒜沫、黄酱炒出酱香味，再下肉片，煸炒断血，倒入酱油，随即将扁豆倒入不断翻炒。加一些水，盖上锅盖，用小火焖至汤汁收干，即可装盘。

小技巧

1. 烧时汤汁多少要适量, 大翻锅时鱼尾向外;

2. 勾芡时要不停晃锅, 防止焦糊。

红烧划水

【材料】

取青鱼尾一段 (由鱼脐门处切断) 300 克, 姜沫 4 克, 葱段 5 克, 酱油 15 克, 绍酒 10 克, 精盐 1 克, 味精 1 克, 白糖 15 克, 水淀粉 10 克, 熟猪油 50 克。

【做法】

1. 将青鱼尾鳍修齐, 顺长均匀地切成 3 ~ 4 条。

2. 炒锅上火烧热, 用油滑锅, 留油 25 克投入姜沫略煸炒, 再下鱼尾, 随后加入绍酒、精盐、白糖、酱油和适量的清水, 加盖用大火烧沸, 改用小火烧 5 分钟, 再用旺火收稠汤汁, 用水淀粉勾芡。勾芡时, 一边淋入油一边不停地晃动锅, 使油均匀地渗入卤汁中, 再大翻锅, 洒上葱段, 将锅中鱼滑入盘中。

温馨提示

1. 碱液不宜太浓太稀, 太浓则豆腐碎烂, 太稀则豆腐不软;

2. 老年人和肾病、缺铁性贫血、痛风病、动脉硬化患者不宜多食豆腐。

口袋豆腐

【材料】

豆腐 750 克, 菜心 50 克, 冬笋 50 克, 绍酒 10 克, 精盐 5 克, 味精 1 克, 胡椒面 0.5 克, 花生油 750 克 (实耗 70 克), 鸡汤 750 克。

【做法】

1. 将豆腐切成 1.5 厘米宽、5 厘米长的方条, 冬笋切成 2.5 厘米宽、5 厘米长的薄片, 菜心一剖四。

2. 炒锅烧热, 加花生油烧至七成热, 投入豆腐条炸至金黄色, 在炸的同时, 用 1500 克开水加入 20 克食碱溶化, 将炸好的豆腐放入, 用物轻压水中, 浸在碱水中泡 30 分钟左右, 使其皮软, 内部成豆花时 (若内部未成豆花, 可再加一些碱), 及时放入清水内泡去碱水, 再换两遍开水, 用开水泡上。

3. 锅置旺火上, 放入鸡汤, 加入精盐、绍酒、味精、豆腐 (沥干水)、笋片、菜心, 煮沸, 撇去浮沫, 装入碗中, 撒上胡椒面即可。

小技巧

1．油浸桂鱼时，油温不能过高；

2．如没有这么多油，可用水代替，把水烧沸后放入鱼，改用小火，保持沸后不腾。

油浸桂鱼

【材料】

新鲜桂鱼 1 条 750 克，葱 50 克，生姜 30 克，辣酱油 20 克，糖 5 克，精盐 2 克，绍酒 10 克，柠檬汁 3 克，芝麻油 30 克，精制菜油 1000 克（实耗 50 克）。

【做法】

1．桂鱼刮鳞去鳃，从鱼口中插入竹筷子取出内脏，洗净待用，葱、生姜切成细丝。

2．炒锅上火烧热，放入菜油烧至二成热时，放入桂鱼，浸约 5 分钟，可用竹筷从鱼的脊背部戳一下，如没有血水即熟，捞出装盘。

3．另用炒锅一只，将辣酱油、绍酒、糖、柠檬汁加热调和成卤汁，浇在鱼身上，葱、生姜丝摆在鱼身上，再将芝麻油放入锅中加热，淋在葱姜丝上即可。

虾籽茭白

【材料】

茭白 750 克，虾籽 5 克，精盐 4 克，味精 1 克，白糖 3 克，绍酒 5 克，鸡汤 200 克，熟猪油 100 克（实耗 50 克）。

【做法】

1．茭白切去老根，剥去外壳，削去皮，用清水洗净，切成 5 厘米长的段，对剖成两半，每片用刀轻轻平拍一下（不要拍碎），再切成均匀的条。

2．虾籽用清水浸洗干净。

3．锅烧热，放入猪油烧至六成热时，放入茭白煸熟，倒入漏勺沥油，再放入锅内，加入鸡汤、绍酒、虾籽、白糖、精盐、味精，用小火炒 10 分钟，淋入鸡油即成。

苕粉鸡杂煲

【做法】

1. 鸡杂洗净，刀工处理后，放人碗中，加盐、料酒、煳辣沫、水淀粉拌和均匀，码味10分钟；苕粉洗净，用温水发涨发透。

2. 老姜去皮洗净，切成姜米；大葱洗净，切成段；豆瓣剁细。

3. 锅置小火上，烧精炼油至四成热，放人豆瓣、糍粑辣椒、煳辣沫炒香上色，投入豆芽、姜、葱段稍炒，掺入鲜汤，熬出香味，捞去料渣，下苕粉、盐、酱油、胡椒粉、白糖、花椒油、麻油，烧至入味，放入味精、鸡精、鸡杂，倒入煲中，加葱段，随酒精炉上桌烧开即可食用。

【材料】

鸡杂300克，苕粉、豆瓣、煳辣沫、糍粑辣椒、豆芽、老姜、大葱、鲜汤、花椒油、盐、酱油、白糖、料酒、胡椒粉、水淀粉、精炼油、麻油各适量。

扣肉冬瓜

【材料】

冬瓜500克，扣肉1瓶（超市有卖），猪油、酱油、盐、味精、鸡精、鲜汤、胡椒粉、水淀粉各适量。

【做法】

1. 冬瓜去皮洗净，切片，扣肉取出。

2. 锅置旺火上，烧鲜汤至沸，放入冬瓜煮至断生，捞出摆盘成形。锅内留少许鲜汤，倒入扣肉，加盐、酱油、胡椒粉，烧开至沸，用水淀粉勾成流芡，烹入味精、鸡精，推转和匀，起锅淋在冬瓜上即成。

小技巧

1.如果藕孔内有少量污泥，可用羽毛捣孔洗净；

2.烫藕时水要滚开，但不要烫过，以免不脆。

姜沫藕片

【材料】

嫩藕500克，醋200克，精盐10克，姜沫75克，酱油100克，麻油100克。

【做法】

1.藕洗净，削去皮，切成厚1厘米的片。

2.酱油、醋、麻油放入碗内，调匀成味汁待用。

3.锅内放入清水，烧沸后倒入藕片烫过，捞出沥净水分，倒入盆内，趁热加入精盐、姜沫调匀，盖上盘子，约焖2分钟。

4.将焖好的藕装入盘内，浇上味汁即成。

【材料】

素鸡2条（约500克），辣椒、白糖、植物油、八角、精盐、味精、茴香、酱油、麻油适量。

香辣素火腿

【做法】

1.将素鸡放入沸水锅中煮2分钟，捞出，抹上酱油晾干；干辣椒洗净切成小段。

2.炒锅上火，注入植物油烧至六成热时，放入素鸡炸至浅酱红色，捞起沥油。

3.炒锅放少量油上火，投入辣椒煸炒，加清水、酱油、精盐、白糖、八角、茴香，放入素鸡（卤汁要淹没素鸡），待素鸡入味、上色、形似火腿时，连卤汁一起倒入容器中冷却即成。

香肚片

【做法】

1．将猪肚加适量精盐、料酒、水，洗去杂物，放入沸水锅中焯水，划破肚皮，洗净待用。用醋反复揉搓，刮去外表粘液，当肚胎皮呈白色时，捞入清水中刮去肚胎、肚油。

2．将猪肚放入清水锅中，投入葱段、姜片、料酒、酱油、白糖、八角、桂皮，用旺火烧沸，撇去浮沫，转小火焖制 90 分钟左右，待猪肚外皮上色、熟而不烂时，加味精等调味品定味，捞出猪肚冷却。

3．食用时，将猪肚剖开，切成 5 厘米宽长条，再斜批成 2 厘米宽的肚片，放入盘中，淋上麻油即成。

【材料】

猪肚 1 只，葱段、姜片、八角、酱油、味精、桂皮、白糖、料酒、精盐、醋、麻油适量。

麻花猪肚

【材料】

猪肚 750 克，芹菜梗 50 克，香菇 50 克，鲜火腿 50 克，盐 20 克，胡椒粉 3 克，黄酒 20 克，味精 3 克，葱 10 克，姜块 10 克，醋 10 克，香油 5 克。

【做法】

1．猪肚洗净，剪去肥油，入开水锅焯水，用盐、醋反复揉搓，去掉粘液，刮去白衣，清水洗净。

2．锅置旺火上，加适量清水，下葱结、姜块、黄酒，放入猪肚，烧开撇去浮沫，移至小火煮熟，然后将锅离火，放入食盐，使其浸泡入味。

3．捞出猪肚，沥净汤汁，切成 4 厘米长、2.7 厘米宽的块，每块中间顺长用刀划一口子，将一头从口里翻转过来，即成麻花状。再加入香油、胡椒粉、味精、盐拌匀入味。

4．芹菜梗洗净，香菇去根洗净，同鲜火腿一起分别切成肚块一样长短的粗丝。芹菜、香菇入开水锅略烫，捞出沥干，拌上调料。在每块麻花猪肚中间各插上一根芹菜、香菇、火腿丝，插的顺序每块力求一致。装盘时可摆成一定的形态图案。

潮州冻肉

【材料】

猪五花肉 500 克，猪蹄 750 克，猪皮 250 克，芫荽 25 克，鱼露（腌制咸鱼的副产品，市场有售）150 克，珠油（潮汕调味品，近似深色酱油，味偏甜，主要用于调色）6 克，冰糖 12.5 克，味精 3.5 克，明矾 1 克。

【做法】

1. 将五花肉、猪蹄、猪皮刮干净分别切成块（每块花肉约 100 克，猪蹄约 200 克，猪皮约 50 克）。

2. 上述肉料用沸水分别余约 1 分钟，捞起洗净。

3. 沙锅放清水 1500 克，烧沸，加入冰糖、珠油、鱼露，放入竹算子垫底，把全部肉料放在竹算子上面，先用中火烧沸，后转用小火熬约 3 小时至软烂。

4. 取出肉类，放入沙锅内（皮向下）。然后将沙锅内浓缩的原汤（约 750 克）放回炉上烧至微沸，加入明矾，撇去浮沫，再加入味精，用洁净纱布将汤过滤后，倒入沙锅。

5. 将沙锅内的肉汤放在炉上烧至微沸，端离火口，冷却凝结后，取出放在碟上，拌以芫荽、鱼露佐食。

香芹泡菜牛肉丝

【材料】

牛腱肉，芹菜，朝天椒，四川泡椒，四川泡菜泡豇豆、泡萝卜等，蒜片，花椒，姜丝，小西红柿，油，黑胡椒粉，生抽，白酒。

【做法】

1. 牛腱肉切成细丝，放入一个稍大的容器内，调入生抽、白酒、姜丝、黑胡椒粉，充分调匀（建议用手抓揉使其更入味），腌制 10 分钟。

2. 鲜朝天椒、四川泡椒和四川泡姜切丝；芹菜洗净后和四川泡菜一起切成小段。

3. 大火加热炒锅中的油，待油温六成热时（锅中有明显油烟）放入花椒后放蒜片。待蒜片变黄后同花椒捞出弃掉。

4. 炒锅原油，改中火待油极热时放入牛腱肉丝，快速煸炒，捞出待用。

5. 改大火加热炒锅中剩的油，朝天椒、四川泡椒和四川泡菜，翻炒，立即将炒过的牛肉丝放入锅中，并加入芹菜段，继续翻炒约 2 分钟即可。芹菜叶、红椒丝、小西红柿切开装盘。

蜜豆欧芹煎牛扒

【做法】

1. 牛眼肉用走锤拍松，加盐、胡椒粉上味。

2. 洋葱切丝，胡萝卜切枣核状，甜蜜豆择净。

3. 土豆烤熟碾成泥，用盐、黄油拌好，备用。

4. 开水加黄油、盐，焯熟胡萝卜、甜蜜豆，备用。

5. 锅里放油，炒香洋葱丝，放入牛扒，翻面煎，烹入红酒，煎至六成熟取出装盘。

6. 迷迭香切段，放在中间提香味。

【材料】

牛眼肉1块，胡椒粉，盐，红葡萄酒，洋葱，胡萝卜，甜蜜豆，土豆，黄油，迷迭香。

金菇肥牛卷

【做法】

1. 将金针菇去尾部，青红椒切丝，大蒜拍碎切蓉。

2. 用肥牛片包裹金针菇和青红椒丝卷起来。

3. 绍酒、酱油和盐调汁浇在牛肉卷上，入微波炉高火4分钟。

4. 芥兰切成3厘米的小段，飞水加油、盐，捞出待用。

5. 锅内放油煸香蒜蓉，倒入蚝油、冰糖、白胡椒粉、水淀粉调成芡汁，浇在牛肉卷上。

6. 长盘摆放焯熟的芥兰段，将牛肉卷码放在上面，黄瓜片、红辣椒丝装饰即可。

【材料】

肥牛片，金针菇，芥兰，青红辣椒，蒜肉，黄瓜，胡萝卜，蚝油，绍酒，酱油，水淀粉，白胡椒粉，冰糖。

香莓牛柳

【材料】

剩油条半根，方便面面饼1个，牛里脊肉，甜蜜豆，菜花，香葱，草莓，话梅肉，番茄酱，白糖，盐。

【做法】

1.将牛里脊肉切片，用盐、料酒、酱油、少许水淀粉抓匀，打入少许油，腌渍10分钟。

2.甜蜜豆切斜角，菜花掰成小朵，草莓对半切开，香葱切沫。

3.锅中烧开水，将菜花、甜蜜豆分别焯水捞出过凉备用。

4.锅里做油，五六成热时将腌好的牛柳入锅滑散捞出。

5.锅内留底油，煸香蒜沫葱花，放入番茄酱、白糖、盐、少许水，烧开后，切好的话梅碎撒在锅中，用水淀粉勾芡，将牛柳、菜花、甜蜜豆投入迅速翻炒，装盘前投入草莓，盖在煮好的方便面上。

6.将剩油条用烤箱加热后，切成小段码在盘边上。

沙茶牛肉串

【做法】

1.将牛里脊肉切丁用松肉锤拍松。

2.加入酱油、料酒、淀粉、盐腌制一下。

3.马蹄、香菇飞水。

4.将蒜过油炸一下。

5.将上述材料以及彩椒穿串，做8个肉串即可。

6.刷上沙茶酱和食用油，放入提前预热的烤箱中，上下火180度烤3分钟，翻面再烤2分钟即可。

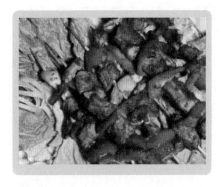

【材料】

牛里脊肉，长竹签，沙茶酱，马蹄，香菇，蒜，彩椒，酱油，料酒，水，淀粉，白糖，盐。

小技巧

1. 选用猪肋排骨，肥瘦肉均匀；
2. 炸排骨要炸到外焦里嫩；
3. 收汁要恰到好处，即芡汁全都粘裹到排骨上为止；
4. 煨制排骨时，可以加入几片山楂，这样煨制的排骨不仅肉质酥烂，而且味道更佳。

油煨排骨

【材料】

猪排骨 500 克，葱、姜各 5 克，白糖 150 克，醋 25 克，料酒 50 克，精盐 5 克，红曲粉适量，香油 5 克，水淀粉 10 克，食用油 500 克。

【做法】

1. 排骨洗净，剁成 3 厘米长的骨牌块。放入盆内，加适量盐水腌渍 30 分钟左右。
2. 油烧至五六成热，放入排骨浸炸片刻捞出。
3. 另取一锅入香油，放葱、姜沫炝锅，速下排骨、开水、白糖、料酒，小火煨 20 分钟左右，待肉骨能分离，速下调料汁，淋入香油即成。

南瓜派

【材料】

一个 8 寸派模（或两个 6 寸派模）。

派皮：淀粉 125 克，糖粉 40 克（原方 50 克），黄油 50 克，蛋黄 2 个。

馅料：南瓜泥 230 克，白砂糖 30 克（原方 50 克），鸡蛋 2 个，淡奶油 125 克，香草精 3 滴。椰蓉少许撒表面用，不撒也可以。

【做法】

1. 准备所需材料，黄油切小块，室温下放置到软化状态。
2. 黄油里加入糖粉、面粉，搓成面包屑状的粗粒，再加入两个蛋黄。
3. 用手和成腼腆，将面团揉至光滑，软硬程度适中即可。将面团用保鲜膜包好，放入冰箱冷藏 30 分钟。
4. 面团从冰箱拿出后擀成 0.5 厘米的圆形面片。
5. 将面片放在 8 寸派盘中，边缘和底部用手压实，再用叉子在饼皮底部插一些小洞，目的是防止派皮受热膨胀变形。
6. 南瓜切成小块上锅蒸熟，用搅拌器搅打成南瓜泥，加入两个鸡蛋搅匀。
7. 加入细砂糖、淡奶油搅拌均匀。
8. 加入 125 克淡奶油搅拌均匀，南瓜派馅就做好了。
9. 将南瓜馅倒入派皮中，9 分满即可。
10. 烤箱预热 200 度，中层，220 度 10 分钟，转 150 度 30 ～ 40 分钟即可。

菌菇肉酱

【材料】

肉沫（肥瘦相间）1碗，黑木耳，真姬菇，香醋，郫县豆瓣酱1勺，甜面酱1勺，油辣椒1勺，盐适量，老抽纯香麻油1小茶匙，料酒1小勺，干淀粉1茶匙。

【做法】

1. 将黑木耳及真姬菇泡发后洗净，斩剁成碎沫状备用；郫县豆瓣酱倒在案板上斩剁成泥备用。

2. 将锅烧热注入少许油，油温起来后将肉沫倒入锅中划散，中小火煸香煸酥。

3. 锅内淋入1小勺料酒将酒气炒散，肉沫拨到锅边将混合酱料：剁碎郫县豆瓣酱1勺、甜面酱1勺、油辣椒1勺倒入锅中央，翻炒至红油渗出。

4. 肉沫与混合酱料翻炒均匀，将剁碎的木耳和真姬菇倒入锅中一同翻炒，锅内加入清水小半碗煮开锅，转中小火加盖焖煮3～5分钟。

5. 酌情添加精盐（拌面拌饭用的酱，味道可以稍微调重些）及老抽，干淀粉1茶匙加水稀释后淋入锅中。

6. 灶火调大收汁，注意要用锅铲不停搅动以使酱色包裹均匀，起锅前淋入纯香麻油1小茶匙，香醋少许推匀。

蚝油姜葱炒鸡腿

【做法】

1. 鸡腿去骨切块，用姜粉，白胡椒粉，蚝油，白糖，少许生粉腌制20分钟左右。

2. 姜切片，葱切段备用。

3. 锅里热油，爆香姜片和葱的白色部分和绿色部分（留下一部分绿色最后放）。

4. 把腌制后的鸡腿放进去划散，加入少许料酒，炒至鸡肉变色断生。

5. 尝尝味道，如果有需要再用少许盐、胡椒粉来调味，最后撒入剩下的葱段拌匀即可。

【材料】

鸡腿四个，姜（比平时炒菜量多些），葱几根，白胡椒粉，姜粉（可选），生粉少许，料酒少许，蚝油，盐少许，糖，油。

老姜鸡

【做法】

1. 鸡腿剁成块，用开水焯好。

2. 起锅放底油，投入鸡块煸炒，放木耳、调料、鸡汤微火焖15分钟，水淀粉勾芡，淋明油，香油出锅。

【材料】

鸡腿 500 克，木耳 10 克，盐 6 克，胡椒粉 2 克，味精 2 克，姜片 20 克，油、香油、水淀粉、鸡汤各适量。

卤香鸡

【材料】

大鸡腿，老卤汁。

小题示

大鸡腿相当于半只鸡，菜市场有卖。

老卤汁是越老越香的，因为卤汁经过多次煮制食物和调换香料，从而变成滋味浓厚的老卤汁。为保存老卤汁的质量保持汤味醇厚，每次卤完东西后要用过滤网把里面的固体物质滤出干净，存入冰箱储存。等到想卤的时候再拿出来加些酱油、姜蒜、香料和冰糖，适量添加水就行了。

【做法】

1. 先将大鸡腿汆水，再用清水冲去浮沫。

2. 放入老卤汁中煮至入味，大约半个小时。然后捞出用厨房纸吸干表面的水分或等待风干。

3. 油温九成热，放入大鸡腿炸至金黄即可。

小技巧
1．用酒代替水烧肉，不但去除腥味，而且能使肉质酥软味道更香浓；
2．也可以把整块肉焯烫后再切成小块，那样形状会比较平整。

东坡肉

【材料】

五花肉500克，大葱1根，姜1块，上海青50克，黄酒400毫升，生抽30毫升，老抽10毫升，白糖30克，盐少许。

【做法】

1．将五花肉洗干净后切成方块，放入沸水锅中焯烫5分钟去除血水，捞出用清水冲洗干净。

2．将大葱切成长段，姜切片，分别垫在沙锅底部防止肉皮粘锅，将五花肉肉皮朝下码放在沙锅里。

3．往沙锅里加入黄酒、生抽、老抽、白糖和盐，盖上盖子，大火烧滚后转小火慢炖1.5小时。

4．将五花肉从沙锅取出，肉皮朝上放入一个带盖的炖盅内，把沙锅里剩余的汤汁舀入炖盅内，盖上盖子入锅大火蒸20分钟。

5．将上海青洗干净后用滚水烫熟，拌少许油码放在盘中，将五花肉放在上面，最后淋上肉汁即可。

小技巧
1．慈姑不宜同猪肉一起下锅，否则慈姑过于酥烂；
2．煸肉块时待肉块出油，方可放入调味品，否则肉熟后没有光泽。

慈姑烧肉

【材料】

猪五花肉500克，慈姑250克，绍酒20克，精盐2克，酱油20克，白糖15克，八角1个，生姜5克，葱5克，花生油40克。

【做法】

1．将五花肉刮洗干净，切成2～5厘米的方块。慈姑刮去外皮，一剖两，洗净，放入冷水锅中加热至沸，去其苦味，捞出用冷水洗净待用。葱打结，生姜去皮拍松。

2．炒锅置旺火烧热，加入花生油烧至七成热，放入葱结、生姜、五花肉块煸至肉块发白，再加入绍酒、酱油、盐、白糖、八角、水（以淹没原料为度），用旺火烧沸，再改用小火焖煮，待肉四成熟时，倒入慈姑，继续加热，烧至肉与慈姑七成熟时，再用旺火烧至汤汁变稠，弃去大料、葱姜，即可装盘。

白肉血肠

【做法】

1. 带皮猪五花肉皮朝下用明火把皮烧焦，在温水中泡半个小时取出，刮净焦皮，下开水锅中煮开后，用小火煮透，趁热抽去肋骨，晾凉后切薄片装盘。

2. 猪肥肠洗净，皮朝内翻出，一头扎紧。

3. 鲜血澄清，加 1/4 清水、盐、味精及用桂皮、紫蔻、丁香合制的调料面搅匀，倒入猪肠中，扎紧封口，下开水锅用小火煮至浮出，捞出晾凉切片，下水锅中焯透捞出，加葱花、姜丝、味精等调料及肉汤，随白肉一同上桌即可。

【材料】

鲜带皮猪五花肉一方，猪大肠 500 克，鲜血 1000 克，盐，味精，桂皮，紫蔻，丁香，葱花，姜丝。

山东酥肉

【材料】

去皮五花肉 200 克，黑鹿角菜、料酒、香菜各 5 克，花生油 600 克，精盐、味精各 2 克，酱油 20 克，高汤 100 克，胡椒粉 0.5 克，醋 4 克，水淀粉 100 克，鸡蛋 2 个，姜 3 克，香油、葱各 4 克。

【做法】

1. 将肉洗净，切成 0.5 厘米厚的大片，两面剖花刀纹，再改成长 3.5 厘米、宽 1.5 厘米的长条；鹿角菜泡洗干净后切成 3 厘米长的段；香菜、葱、姜洗净，切成 2 厘米长的段和细丝。

2. 将鸡蛋磕入碗内，加水淀粉调成糊；肉条用盐抓匀，再放入糊浆碗内。

3. 旺火坐油勺，放花生油烧至七成热时，将肉条粘匀糊浆，逐块下勺炸成金黄色捞出；码放在蒸碗内，加料酒、葱、姜各 2 克，再加入高汤、酱油、盐，上屉旺火蒸沸，中火蒸 40 分钟，熟透，下屉，去掉葱、姜；将汤汁淹在碗内，肉条扣在汤盘内。

4. 将汤汁倒入炒勺，用旺火烧沸，用盐、味精调好口味，撇去浮沫；加鹿角菜，把香菜段、葱、姜丝撒在酥肉上，汤汁内淋上醋、香油，撒上胡椒粉，浇在酥肉上即成。

白字焖肉

【做法】

1. 将猪五花肋肉皮刮洗干净，切成大小相同的 10 块，入沸水中汆过。

2. 取小沙锅一只，用葱白、姜片垫底把肉块放在沙锅里，放进各种调料和白汤，加盖焖烧 30 分钟，然后另取一小碗，将肉平放碗内盖上平盖，上笼蒸 1.5 小时。

3. 食用时，盖上盖滗出原汁勾芡，用菠菜围边即成。

【材料】

猪五花肋肉 400 克，菠菜 150 克，精盐 5 克，白糖 15 克，白字酒 50 克，红槽汁 50 克，酱油 40 克，湿淀粉 25 克，葱白 50 克，姜片 5 克。

白汁烤银鳕鱼

【做法】

1. 土豆切粒，煮至微软，沥干水分。

2. 银鳕鱼洗干净后沥干水，放油锅煎一下，去掉多余的水分，捞起放一边待用。

3. 油烧开，放土豆、胡萝卜和洋葱翻炒。

4. 白汁粉加水溶解，加入到锅中，小火翻炒。

5. 然后再加入适量的鲜奶油，如果没有就换成牛奶。

6. 白汁开始收干，最后加入银鳕鱼翻炒几下，适当调一下味道就 OK 了。

7. 装进盘子，放烤箱 180 度烤 15 分钟即可食用。

【材料】

银鳕鱼，俄罗斯白汁调料，鲜奶油（或鲜奶），胡萝卜，洋葱，土豆，盐，糖。

芒果椰浆清蒸银鳕鱼

【材料】

鳕鱼片，芒果，椰汁，胡萝卜，西芹，食盐，白胡椒粉。

温馨提示

1. 超市售的鳕鱼有两种：一种为银鳕鱼，一种为水鳕鱼（龙鳕鱼），两种鳕鱼的价格相差比较大，购买的时候要看清标签。银鳕鱼是冷水深海鱼，肉质细嫩，富含多种营养元素，被称为"餐桌上的营养师"，龙鳕鱼实际是油鱼，属低价鱼类，含油量高，主要用于提炼工业用润滑剂，食用后容易导致腹泻。

2. 用水果汁腌制鳕鱼时，要用手多按摩几次，让鳕鱼充分地吸收水果味，或者适当地延长一点腌制时间。

3. 鳕鱼肉质细嫩，蒸制时间不需要太长。

4. 芒果的香甜味与椰浆混合后的味道已经很浓郁，所以，为了保持水果本身的清甜味，果汁不需要加热，直接倒在蒸好的鱼块上就可以。

5. 蔬菜丁可以焯水后放在蒸好的鱼块上，也可以在鱼块蒸 5 ~ 6 分钟后，把蔬菜丁放鱼块上一起再蒸 1 ~ 2 分钟即可。

【做法】

鳕鱼的清理与腌制：

1. 鳕鱼块用清水浸泡 10 分钟，用流水冲洗干净。

2. 把鳕鱼块直立在案板上，用刀将表面的鱼鳞轻轻刮除干净，用小刀在鱼皮上划一刀，撕开一个小口，把鳕鱼块平放在案板上，左手揪住鱼皮，右手握刀慢慢地将鱼皮刮开，使皮与肉分离。

3. 芒果洗净去皮后切成小丁，与椰汁一起榨成汁。去皮的鳕鱼块放入盘中，上面撒少量的食盐、胡椒粉，用手按摩几分钟，倒入一点芒果椰浆汁，再用手轻轻按摩鱼块，使鱼块充分地吸收果汁，放在一边腌制 15 分钟。

鳕鱼的蒸制过程：

1. 锅内放水。支好蒸架，腌好的鳕鱼块连盘一起放在蒸架上。盖上锅盖，开火蒸制 7 ~ 8 分钟。

2. 将蒸好的鳕鱼块取出，重新装盘。盘里倒入剩下的芒果椰浆。

3. 西芹、胡萝卜洗净，用刀切成小碎丁。

4. 锅里放水烧开，放入蔬菜丁，焯烫 2 分钟，用漏勺将蔬菜丁捞出。

5. 沥水的蔬菜丁撒在鳕鱼表面即可。

小技巧

1. 尽管现在市面上的水果品种多样，还是要选择当季水果。因为过季水果有可能是激素催熟或者是经过长期保存的。

2. 水果入菜要注意配菜的选择。不要选择味道太浓、腥味重的食材，或者是质地比较硬的骨头类食材。即使用骨头类食材，也要注意烹饪时间的掌握，不要长时间煮制，或者可以在食材接近成熟时放入水果。

3. 水果入菜原材料可以随水果的变换而多样化。因为水果有季节的限制，每个季节选用当季水果，可以变换出丰富多样的菜式。

4. 水果入菜时调味品的选择也很重要。尽量不要选择味道强烈刺激的调味品，以免调味品的味道掩盖了水果味。

5. 水果入菜要避免长时间的加热，要尽量缩短烹饪时间，以保持水果本身的营养与味道。

清蒸花菇

【材料】

水发花菇50克，上汤约3杯，香油适量。

【做法】

1．将花菇洗净，花菇面朝上放在汤碗内，加入盐、汤和浸泡花菇的水（滤去沉渣），淹没花菇，取一只大碟盖在汤碗上。

2．将碗放锅内，用大火蒸15分左右，取出淋上香油即可。

清蒸丸子

【材料】

肉酱原材料：去膘五花肉，水发黑木耳，鸡蛋1个，老豆腐（北豆腐）1小块。

清汤原材料：水发黑木耳、虾皮。

肉酱调味料：葱段，生姜，食盐，酱油，五香粉，花椒粉。

清汤调味料：食盐1/4茶匙，芝麻香油，香菜1根。

【做法】

肉酱的制作过程：

1．去膘五花肉洗净放在案板上，用刀先切成小肉片，再剁成肉沫。

2．葱切花、生姜切沫放在肉沫上，用刀把葱花、生姜沫和肉酱一起剁均匀。

小技巧

1．肉酱：自己亲手剁的肉酱比搅拌机搅打的香；

2．调味料：调味料和肉酱一起用刀剁均匀，要比肉酱做好加调味料用筷子搅打后的口感香；

3．加入一点老豆腐，可以增加肉酱软嫩的口感；

4．加入一点鸡蛋清，用筷子搅打至上劲，做好的肉丸口感嫩，不松散；

5．挤丸子的手法同样重要，肉丸在虎口处反复挤压几次，让丸子肉质更紧密。

3．剁到肉酱里基本看不到葱花和生姜沫，闻肉酱有葱味和生姜味。

4．肉酱上撒入适量的花椒粉，再撒入少量的五香粉，加入适量的食盐，倒入少许酱油。

5．用刀把调味料和肉酱一起剁均匀，剁好的肉酱放入碗中。

6．取一小块老豆腐（北豆腐）用勺子压成豆腐泥，压好的豆腐泥放在肉酱里，用筷子把肉酱和豆腐泥朝一个方向搅拌均匀。

7．蛋清与蛋黄分离，根据肉酱的量倒入适量的鸡蛋清，用筷子把蛋清与肉酱朝一个方向搅打上劲。

山东丸子

【材料】

肥瘦肉沫 350 克, 鹿角菜 50 克, 海米 25 克, 香菜 20 克, 鸡蛋 50 克, 葱、姜沫各 5 克, 料酒 20 克, 精盐 3 克, 味精 3 克, 酱油 10 克, 醋 5 克, 香油 40 克, 高汤 600 克, 葱丝 2 克。

【做法】

1．海米放碗中, 用温水泡开, 洗净泥沙, 剁成碎沫; 鹿角菜用温水泡开, 洗净, 择去硬根, 剁成碎沫; 香菜洗净, 一半切沫, 一半切成 2 厘米长的段。

2．将肉沫、葱沫、姜沫、鸡蛋、鹿角菜沫、香菜沫、海米沫、香油 30 克、清水适量、精盐 2 克、味精 1.5 克, 放入盆中, 搅打均匀使其有粘性, 再挤成大小相同的丸子若干个; 放置于平盘内, 上屉蒸 15 分钟左右 (中火蒸熟)。

3．将蒸好的丸子下屉, 装入海碗内, 撒上葱丝、香莱。

4．汤勺放高汤, 旺火烧沸, 下料酒、精盐、味精、酱油, 调好口味撇去浮沫, 淋入醋和香油, 倒入海碗内即成。

肉丸子的制作手法:

1．左手手心用清水蘸湿, 握取少量的肉酱放在手心里。

2．左手除大拇指外的其余四指向手掌心处弯曲, 与大拇指的第一节指肚下的痕迹处轻轻接触, 同时把左手竖立。

3．弯曲的四指向大拇指向手掌心处用力挤一下, 肉酱就会从虎口处挤出, 形成一个肉圆。

4．捏好的肉圆重新放入手掌心里, 再把左手除大拇指外的其余四指向手掌心处弯曲, 与大拇指的第一节指肚下的痕迹处轻轻接触, 同时把左手竖立。

5．再把弯曲的四指向大拇指向手掌心处用力挤一下, 肉酱就会从虎口处挤出, 形成一个肉圆, 重复几次, 用右手的手指把肉圆摘下。

肉丸的蒸制过程:

1．盘子底部刷一层食用油, 将肉丸摆放在盘中。

2．锅里放入适量的清水, 支好蒸架, 装有肉丸的盘子放在蒸架上。

3．盖好锅盖, 大火蒸制 10 分钟左右, 蒸至肉丸熟, 打开锅盖取出。

清汤的制作过程:

1．锅里放入 1 小碗冷清水, 大火烧开。

2．黑木耳提前用冷水泡发, 用手撕成小块, 放入开水锅中, 大火焯煮 2 分钟至木耳熟。

3．锅中放入适量的虾皮提鲜, 加入 1/4 茶匙食盐提味, 淋入 3 ~ 5 滴芝麻香油。

4．香菜用清水洗净切段, 放入锅中。用铲子搅拌均匀, 关火。

5．做好的清汤倒在蒸熟的丸子里。

泡菜鱼

【做法】

1.鲫鱼破腹洗净，在鱼身上两面各立划4刀，泡青菜切成细丝，泡辣椒、姜、蒜一同剁成细沫。

2.锅置旺火上，倒入菜油烧沸，将鱼放入两面炸5分钟，取出；锅内留油，烧至七成热，下入泡辣椒、姜、蒜和醪糟汁烧出香味，放料酒、酱油、红酱油，投入鲫鱼，添汤改用中火慢炖，待汤开后，放泡青菜，将鱼翻面，炖至入味，撒葱花，淋麻油，水豆粉勾芡，装盘即成。

【材料】

鲜鲫鱼450克，泡辣椒50克，泡青菜20克，姜米、蒜米、葱沫各15克，料酒20克，酱油12克，醪糟汁20克，红酱油少许，菜油450克，水豆粉10克。

酱酥鲫鱼

【材料】

鲫鱼800克，面粉60克，葱段、姜片各50克，料酒110克，白糖25克，精盐12克，酱油120克，调料包1个（内有桂皮、陈皮、花椒、八角各15克，香叶、砂仁、小茴香各4克），胡椒粉、香油、味精各少许，猪油1600克，老汤1400克。

【做法】

1.将鲫鱼去鳞、鳃、内脏，洗净。两面剜上斜十字花刀，放盘中用少许精盐、料酒腌渍入味。

2.锅内加老汤、白糖、酱油、姜片、葱段、香料包及余下的料酒、精盐熬成酱汤，捞出调料渣。

3.锅里加猪油烧至七成热，将鲫鱼沾匀面粉后下入油中炸透至酥脆捞出。

4.将鲫鱼摆入酱汤锅，用小火酱至酥软，出锅装盘，余汁加胡椒粉、味精炒浓，再加香油、猪油12克炒匀浇在鱼身上即可。

芽菜煸鲫鱼

【做法】

1. 小鲫鱼宰杀刮去鱼鳞，去内脏，清洗干净，用盐、料酒码味。猪瘦肉剁细成粒，干辣椒去蒂及籽切成节，老姜洗净切成姜沫，大葱洗净切成段。

2. 锅置中火上，烧精炼油至六成热，放入鲫鱼炸至金黄色捞出。锅内留少许油，至四成热，放入瘦肉粒，加料酒喷香，放入芽菜、干辣椒、花椒、姜沫，煸炒至辣椒呈棕红色，下鲫鱼、料酒、葱段，继续煸炒至入味，烹入白糖、味精、鸡精、麻油、红油和匀，起锅盛入盘中即成。

【材料】

小卿鱼 10 条，芽菜、猪瘦肉、干辣椒、花椒、老姜、大葱、盐、料酒、胡椒粉、白糖、麻油、红油、精炼油各适量。

老厨白菜

【材料】

大白菜嫩帮子 200 克，五花肉片 50 克，干松蘑 50 克，干豆腐片 100 克，宽粉条 1 把，香菜根若干，红椒、葱、姜各少许，盐 5 克，鸡精 5 克，酱油 15 克，淀粉少许。

【做法】

1. 干蘑菇用水冲净，宽粉条洗净，分别泡水一夜。

2. 取干净的泡蘑菇水备用；香菜根洗净；红椒切片；宽粉剪断；葱姜切片；大白菜、干豆腐片手撕成片。

3. 锅中放油，放入五花肉片，煸出油脂，放入葱姜片，调入酱油、盐、鸡精，放入宽粉条、干豆腐片、蘑菇，倒入泡蘑菇水与食材持平，甚至补充清水，多放一些汤，小火炖 1 ~ 2 分钟。

4. 然后放入手撕白菜、香菜根、红椒，小火炖制 5 ~ 6 分钟，勾芡即可出锅。

小技巧

1. 要有黄金搭档。秋天的大白菜，尽量与其他食材搭配复合一起炒，比单独吃白菜好吃。大白菜的黄金搭档有：土生土长的蘑菇、宽粉条、干豆腐片。

2. 手撕更好吃。大白菜和干豆腐片要用手撕，入口的感觉不一样。

3. 泡蘑菇的水炖菜。将蘑菇先冲洗干净，再泡。泡蘑菇的水，使用上面一层炖菜用。

佛手白菜

【材料】

白菜嫩帮2片，肉馅70克，香菇2朵，荸荠4个，盐、香油、生抽、葱、姜、料酒、水淀粉适量。

【做法】

1．将香菇洗净，切碎；荸荠去皮，切片，中间挖空，做成铜钱状。

2．肉馅中加入葱、姜、盐、鸡精、香油、生抽、料酒，搅拌均匀。

3．把香菇碎放入肉馅中搅拌均匀。

4．锅中烧开水，白菜帮放进去焯至透明，沥干水分，取一片放在盘中，从白菜梗中间均匀地划4刀，内侧朝上，把肉馅放在上面，把白菜帮折成佛手形状，码放整齐，上蒸锅蒸制10分钟。

5．将蒸出的汤汁倒入炒锅中，勾入薄芡，淋入香油，浇在佛手菜上。

6．将做好的荸荠，放入盘中，用胡萝卜丝串起即可。

牛肉萝卜白菜汤

【做法】

1．牛后腿瘦肉放入冷水锅中，烧开后捞出洗净血污，放入锅中，加清水、洋葱、胡萝卜、生姜，旺火烧沸，再转小火焖2小时，捞出洗净，切成片，整齐地排列在扣碗中，加精盐、味精上屉蒸1小时，取出，扣在大汤碗中，原汤滤清待用。

2．大白菜切成片，萝卜切块，放入沸水锅中焯水后，用冷水冲凉，沥干水。

3．把牛肉汤、白菜片、萝卜块放入锅中烧开，加入精盐、味精、色拉油，盛入大汤碗中，撒上胡椒粉即可。

【材料】

牛后腿瘦肉500克，大白菜、白萝卜各250克，精盐、味精、胡椒粉、洋葱、姜、胡萝卜、色拉油各适量。

滑蛋牛肉

【做法】

1. 牛肉切成片放入碗中，用料酒、精盐、味精、酱油、淀粉拌匀上浆；鸡蛋打入碗中，加入1克精盐、味精搅匀备用。

2. 色拉油倒入炒锅内烧热，放入牛肉片滑散，立即捞出。锅内留油少许，加入鸡蛋，炒到半熟，放入牛肉片，炒熟即可。

【材料】

牛肉150克，鸡蛋2个，色拉油300克（实耗30克），料酒、淀粉各5克，酱油、精盐、味精各2克。

豆腐扒牛肉

【做法】

1. 先将豆腐切为厚件，用沸水浸过捞起，用油（10克）起锅，烹入绍酒，注入老汤（150毫升），用精盐（2克）、味精（1.5克）调味。

2. 将豆腐放入煲中，和湿淀粉(7.5克)打芡，放在碟中。

3. 烧锅放油，把牛肉放入至熟，倒在笊篱里。将锅放回炉上，注入老汤（75毫升）。

4. 用精盐（0.5克）、味精（0.5克）调味，用深色酱油调色，放入牛肉，用湿淀粉（5克）打芡，加上胡椒粉、包尾油（2.5克）和匀，放在豆腐上便成。

【材料】

牛肉100克，豆腐2块，油500克，绍酒5毫升，老汤225克，精盐2.5克，味精2克，湿淀粉12.5克，深色酱油2.5克，胡椒粉0.05克。

甜辣豆腐

【材料】

油炸豆腐4块，小葱1把，汤料1大勺，白糖2大勺，酱油1大勺。

【做法】

1. 将豆腐切块，小葱洗净切段。

2. 取锅1只，放入汤料、糖、酱油，煮开后加入豆腐，煮到汤尽，放入小葱搅拌一下即可盛盘（可撒入辣椒粉，味道更好）。

油浸豆腐

【做法】

1. 葱、姜各25克切丝；香菜择梗洗净切段；其余的葱切段，姜切片。

2. 锅洗净放入高汤，上火烧开，下入葱段、姜片、料酒、盐、油，待水开后把豆腐放入，改用小火浸煮，水不可大开，起小泡即可，浸煮20分钟左右即熟。

3. 取一个小碗，放入酱油、高汤、味精、胡椒面和白糖兑成汁。

4. 把豆腐捞出放在盘里，撒上葱、姜丝、胡椒粉。

5. 锅洗净上火，放入植物油烧沸，浇在豆腐和葱姜丝上，接着把碗里的汁倒在热锅里烧开后也浇在豆腐上，周围加上香菜叶即可。

【材料】

豆腐500克，味精、胡椒粉各10克，香菜25克，葱、姜各50克，白糖、料酒各25克，盐20克，植物油、酱油、花椒油各50克，高汤500克。

馅酿卤藕

【材料】

藕 2 节，五花肉。

调肉馅调料：姜沫、葱沫、老抽、蚝油、白酒、盐、糖。

卤汤调料：老汤、卤水汁、姜、花椒、八角、香叶、白芷、桂皮、丁香、干辣椒。

【做法】

1．选择两头封闭的藕节，洗净去皮切两段。五花肉剁成肉馅，加入姜葱沫、老抽、蚝油、盐、糖、白酒，顺一个方向搅拌上劲。

2．用筷子将调过味的肉馅填入藕孔，尽量按结实。

3．把两段藕分别酿入肉馅，用牙签固定。

4．凉水入锅，放入各种大料和李锦记卤水汁，煮开后小火煮 10 分钟。

5．放入以前卤肉冻起来的老汤，大火煮开。

6．将藕节、海带丝放入卤汤，卤煮 30 分钟，关火后浸泡 1 个小时以上入味，切片装盘。

小技巧

1．卤汤第一次卤最好卤肉类，这样汤才够肥；

2．每次卤完后，用漏勺把各种调料、渣滓捞干净，浮油撇掉，放凉装盒冷冻；

3．下次卤食品时还要再放少许大料和少许卤水汁，否则味道会淡很多。

干锅茄子豆角

【材料】

五花肉，长茄子，豆角，蒜，小红辣椒，郫县豆瓣酱，蚝油，鸡精，白糖，盐。

【做法】

1．豆角择去老筋，洗净，掰成段。长茄子洗净，切成长条。五花肉切成比茄子窄的长条。小红辣椒洗净，切成圈。蒜切成片。

2．锅置火上，放油烧至六成热，把豆角和茄子分别入油锅中炸熟，捞出。沥去油。

3．锅里留底油，倒入五花肉，小火慢慢煸出其中的油汁。

4．将蒜片倒入五花肉中煸香。倒入炸好的豆角、茄子、小红辣椒圈，翻炒均匀。

5．调入郫县豆瓣酱、蚝油、鸡精、白糖、少许盐翻炒均匀即可。

6．如果家里有干锅，可以盛入干锅中，边加热边食用。若没有，就直接装盘里。

鲶鱼烧茄子

【材料】

鲶鱼一条，圆茄子一个（长茄子更好），葱、姜、蒜、料酒、老抽、生抽、醋、盐、糖各适量。

【做法】

1. 鲶鱼洗净，划破肚后，将内脏取出，腮也取出，冲洗干净，切成段。茄子去皮后切成滚刀块。葱、姜、蒜切沫。

2. 锅中烧热油，放入葱姜蒜爆香。放入鲶鱼段翻炒。

3. 倒入生抽和老抽，继续翻炒几下，鱼肉有点变白后加入水。

4. 放入料酒、醋、盐、糖少许。大火炖，水开后转小火。

5. 放入茄子，继续炖，直至汤快收干时将菜盛入碗中，加一点蒜沫和香菜即可。

小技巧

1. 要选取嫩豆角，茄子要用南方的细长茄子；

2. 茄子要切成1.5厘米宽、5厘米长的条，因为茄子一炸，就缩小了，切得太小，炸完就成小块了；

3. 豆角一定要炸熟，油不能烧得太热，豆角要炸到表皮起皱即可；

4. 煸炒五花肉时，可以不放油或少放一点油，五花肉煸炒到体积缩小，颜色微黄；

5. 最好放红油郫县豆瓣酱，出来的味道才好。

温馨提示

1. 蒜苗下锅后不可炒久，否则会炒过头，容易失去蒜苗爽脆的口感和鲜甜之味；

2. 要使五花肉能煸出油，又不易粘锅，应放少许油烧热，再倒入五花肉不断煸炒至出油；

3. 五花肉应带皮切片，这样炒制好的五花肉吃起来会香口味美，还带有柔韧的口感；

4. 蒜苗富含维生素C，有降血脂、预防冠心病和动脉硬化的作用，还可防止血栓的形成，但蒜苗的膳食纤维较多，消化功能不佳和肝病患者宜少吃。

蒜苗五花肉

【材料】

五花肉250克，蒜苗250克，青椒1只，姜3片，油3汤匙，盐1/5汤匙，米酒1汤匙，香油1/3汤匙。

【做法】

1. 洗净五花肉，切成薄片；青椒去蒂和籽，切成丝。洗净蒜苗，切成2厘米长的段；姜去皮，也切成丝。

2. 烧热1汤匙油，放入五花肉片不断拌炒，煸至出油呈金黄色，盛起五花肉，倒出余油，洗净锅烧干水。

3. 烧热2汤匙油，炒香姜丝和青椒丝，倒入蒜苗段和适量清水，以大火快炒1分钟。

4. 倒入煸出油的五花肉，与锅内食材一同拌炒1分钟。

5. 加入1/5汤匙盐、1汤匙米酒和1/3汤匙香油拌炒入味，即可出锅。

南腐肉

【材料】

猪五花肋肉 400 克，青菜心 100 克，精盐 10 克，味精 0.5 克，白糖 20 克，红腐乳卤 25 克，红曲粉 2 克，绍酒 15 克，酱油 10 克，葱 5 克，姜 5 克，熟猪油 15 克。

【做法】

1. 将猪五花肉表皮刮净，然后切成小方块约 24 块，在沸水中汆过，捞出洗净。

2. 将肉块与葱姜、绍酒、酱油、白糖、红腐乳卤、精盐和清水同放水中，烧沸后，改为小火焖 30 分钟，加入红曲粉继续焖烧 30 分钟，然后肉片朝下排在扣碗内，上笼屉用旺火蒸至酥烂。

3. 将蒸好的肉放入腰盘中，其卤汁投入炒锅内收浓，浇于肉上。

4. 另取炒锅置中火上，下入熟猪油，烧至四成热（约 88℃），将绿色青菜煸熟，调入精盐、味精定味起锅，置于肉的两侧即成。

大蒜烧豇豆

【材料】

豇豆 300 克，大蒜 15 瓣，五花肉 50 克，干辣椒 3 只，葱姜沫少许，盐 1/2 茶匙，鸡精 1/2 茶匙，酱油 1 汤匙，少许清水。

【做法】

1. 豇豆切 10 厘米长的段，五花肉切片，干辣椒掰段；葱姜切沫备用。

2. 豇豆焯水 2 分钟，捞出后控干备用。

3. 平底锅烧热，不放油，直接放入焯水后的豇豆，这样可以防止溅油，先将水分煸干，然后倒入少许油，将豇豆煎制表面起皱盛出。

4. 利用煎豆角的锅，放入大蒜瓣，补充一些油，将蒜瓣煎黄捞出备用。

5. 锅中放油，放入五花肉片，煸出油脂，放入葱姜沫、红辣椒，炒出香味后，放入豇豆、大蒜瓣，添少许清水，依次加入盐、鸡精、酱油，收干汤汁后，即可出锅。

芋泥猪肉饼

【做法】

1. 芋头洗净蒸熟，去皮，打成泥。

2. 猪五花肉洗净切丁，加酱油、盐、味精、葱姜水、胡椒粉，顺一个方向搅打入味，加生油、香油顺搅成糊状馅料。

3. 取芋头泥，用手拍成圆饼，包入糊状馅料，制成扁圆形生坯。

4. 平底锅内放少许生油，烧热后将生肉放入锅内，慢火煎至两面呈金黄色，取出摆盘即可。

【材料】

芋头 750 克，猪五花肉 250 克，葱姜水，胡椒粉，酱油，生油，香油，盐，味精。

虾仁玉子豆腐

【材料】

虾肉 4 两（约 160 克），玉子豆腐 2 条，草莓 1/2 杯，葱 1 条，蒜 2 瓣，红椒 1/2 只，腌料（盐 1/4 茶匙，麻油及胡椒粉少许，生粉 1 茶匙。芡汁料：水 1/2 杯，生抽、蚝油各 1 汤匙，麻油、糖各 1/2 茶匙，生粉 1/2 茶匙）。

【做法】

1. 虾肉去黑肠，冲净及抹干，拌入腌料放 10 分钟。

2. 玉子豆腐切 1 厘米厚，草菇、蒜头切片，葱切段，红椒切圈。

3. 烧热 2 汤匙油，先炒虾仁，加入蒜片、葱段及草菇兜炒，倒入芡汁料及红椒炒匀，最后加玉子豆腐轻轻兜匀铲起（玉子豆腐最后加入以免弄烂，这样菜形才好看）。

锅塌豆腐

【做法】

1. 老豆腐切大片，鸡蛋，肉沫。

2. 鸡蛋打散，先把豆腐沾上干淀粉，沾干淀粉后接着沾蛋液。

3. 豆腐放入锅里煎到两面金黄定型。

4. 油热后放入肉沫煸炒到变色，放入姜沫和香葱沫继续煸炒出香味。

5. 放入酱油、五香粉、白糖、盐炒均匀，把煎好的豆腐放入其中，接着放入适量清水稍微炖煮片刻。

6. 加鸡精，香油，湿淀粉勾薄芡出锅，撒香葱沫。

【材料】

老豆腐500克，猪肉沫50克，鸡蛋2只，香葱，姜沫，盐，五香粉，鸡精，白糖，酱油，香油，水淀粉，干淀粉。

辣炒茄丝

【做法】

1. 茄子切成条，青红辣椒切成小段，五花猪肉切成丝备用。

2. 锅中放油（多一些）烧至八成热时，放入茄条炸一下，捞出沥油。

3. 炒锅中留少许底油，放入肉丝煸炒至变色后，放入青红椒段炒一下，然后烹入料酒、酱油。

4. 放入炸过的茄条翻炒后，加入盐调味，再炒一会，让茄子入味即可。

【材料】

茄子，青红辣椒，五花猪肉，食用油，料酒，酱油，盐。

葱伴侣酱烧茄

【做法】

1. 锅里放很少很少的油,烧热,把茄子放进去,开盖4面煎透,煎到彻底变软。

2. 原锅不放油,放切好的五花肉煸炒到肥肉变黄再放瘦肉,变色后加蒜、葱花、姜沫炒出蒜香,加入2小勺葱伴侣酱,炒匀烹入六月鲜酱油。

3. 茄子放进来,加热水没过茄子,小火煮到彻底软烂,出锅前加盐和糖。

4. 用筷子从头到尾撕开茄子,再微微煮一下就好了。

【材料】

茄子4条(洗干净,不做任何处理),葱伴侣酱2小勺,五花肉少许,大蒜8～10瓣,六月鲜酱油适量,葱姜沫,盐、糖少许,香菜几根。

红焖豆角

【做法】

1. 豆角去筋洗净,猪肉洗净切薄片。

2. 炒锅内加油适量,烧至七成热时,将豆角放油中炸至半熟捞出,控净油。

3. 原锅留底油,用葱、姜、蒜炝锅,放入肉片,煸炒,再放入豆角、花椒面、盐、酱油,添汤适量,盖上盖子用微火焖烂,然后移到旺火上,用水淀粉勾芡,出锅装盘即可。

【材料】

豆角300克,猪肉200克,油、酱油、精盐、花椒面、淀粉、味精、葱片、姜沫、蒜片各适量。

绿茶烤肉

【做法】

1. 新鲜五花肉洗净，切成1.5毫米左右厚度的薄片（可提前冷冻，待五花肉半解冻状态最易切薄片）。

2. 取适量绿茶，用水温85度左右的水冲泡。待茶水自然冷却后，倒入五花肉肉片中腌制3～4个小时。

3. 将茶叶和茶水倒出，倒入适量生抽，放入胡椒粉、椒盐、孜然粉、少许辣椒粉调匀。

4. 平底锅加热，将肉片均匀摆入锅中中小火煎制，将油煸出两面金黄后即可出锅。搭配生菜、蒜瓣或汁料食用。

【材料】

五花肉，生菜，绿茶，生抽，胡椒粉，椒盐，孜然粉，辣椒粉，蒜瓣。

红烧蟹肉丸子

【做法】

1. 五花肉糜与蟹肉放在一起，调入盐和料酒搅拌至上劲。

2. 将混合好的馅料捏制成丸子。

3. 锅内多放一些油，将丸子放进去中小火炸至金黄后捞出沥油。

4. 另起一锅，放入油后倒入丸子翻炒，烹入红烧酱油和香醋后调入少许水淀粉勾芡即可。

【材料】

五花肉糜300克，剁成茸的蟹肉300克，盐3克，料酒1汤匙，红烧酱油1汤匙，香醋1/2汤匙，油适量。

蟹肉色拉

【做法】

1.取出蟹肉，生菜洗净切丝，胡萝卜洗净去皮，切细丝，放入开水锅内焯一下，冷却、沥水。

2.将葱头、蒜、香菜切碎，放入酒、胡椒粉混合拌匀。

3.将青菜与调料汁混合拌匀即可。

【材料】

蟹肉罐头600克，生菜、胡萝卜各120克，葱头20克，香菜4克，蒜2克，白葡萄酒3大勺，胡椒粉少许。

豆苗煮蟹肉

【做法】

1.先将豆苗放在锅中烘干透，再加入生油爆透，溅入美汁酒，注入老汤，倒在漏勺里，滤干水分。用将近滚的水将蟹黄浸至五成熟，隔去水分。

2.架油起锅，将豆苗垫底，溅入绍酒，注入上汤，用盐和味粉调味，放入蟹肉和蟹黄，撒上胡椒粉，以生粉勾芡，加包尾油抛匀。

3.上碟时，把豆苗放在底下，蟹黄等放在豆苗上便成。

【材料】

豆苗250克，蟹黄50克，蟹肉25克，生粉、油、老汤、美汁酒、绍酒、胡椒粉、盐、味粉适量。

小技巧

1.肉茸必须拌匀上劲，挤成的肉圆应大小一致；

2.上笼蒸时，时间不宜太长或太短，熟即可。

珍珠肉圆

【材料】

五花肉 500 克，糯米 200 克，绍酒 15 克，精盐 4 克，味精 1 克，葱沫 5 克，姜沫 5 克，干淀粉 15 克，鸡蛋 2 个，芝麻油 10 克。

【做法】

1.将猪肉去皮洗净，斩成肉茸，加入绍酒、精盐、味精、葱、姜、鸡蛋、干淀粉、清水 100 克拌匀上劲。

2.糯米淘洗干净，用清水浸泡 1 小时沥水待用。

3.取一只大盘，抹上芝麻油，将肉茸挤成的小肉圆，滚上糯米，上笼蒸熟装盘即可。

小技巧

1.芽菜虽然经过水洗，但还是很咸，炒菜的时候可以不加卤肉汤。如果是其他不带咸味的干菜，可以加卤肉汤；

2.五花肉炸的时候涂抹蜂蜜，瘦肉部分可省略，虽然口感很好，但炸出来品相不好，瘦肉部分发黑，影响观感。

宝塔肉

【材料】

五花肉，芽菜，葱，姜，花椒，大茴，草果，白芷，孜然粒，小茴，香叶，桂皮，丁香，豆蔻，老抽，酱油，料酒，食盐，食用油，蜂蜜，白糖。

【做法】

1.新鲜五花肉洗净备用；葱切大段姜切片备用。

2.将肉放入锅内加水，放入葱姜和料酒，煮 15 ~ 20 分钟肉七成熟关火。

3.将煮好的肉捞出晾干，这样防止后期制作时溅油。

4.晾干水分的肉皮涂抹蜂蜜，在瘦肉部分也涂抹一层蜂蜜，放在七成热的油锅里油炸至皮焦黄即可。

5.老汤重新加入适量的水与调味料制作新的卤汤，将炸好的五花肉块放入锅内。

酱爆富贵五宝

【材料】

五花肉1小条，杏鲍菇1小根，熏香干3～4块，板栗10粒左右，白芝麻少量，大葱5克，姜5克，蛋清少量。

A料：生抽1小勺，盐少量，料酒1大勺。

B料：植物油2大勺，甜面酱3大勺，生抽2大勺，料酒1大勺，盐少量，鸡精适量，水淀粉50毫升。

【做法】

1. 板栗入小碗中进锅中蒸熟。

2. 葱姜切片，熏香干切1厘米小丁。杏鲍菇和五花肉切1厘米小丁。

3. 准备好水淀粉，肉丁用A料和少量蛋清拌匀，腌制一会儿。

4. 锅入少量油烧热，入肉丁炒断生后盛出。

5. 锅再入少量油烧热，爆香葱姜。加入肉丁、香干丁、杏鲍菇丁，依次入甜面酱、生抽、料酒、盐翻炒。

6. 翻炒5分钟左右加入板栗（如板栗大的话可以对半切）。

7. 最后加入鸡精，加入水淀粉勾芡，上桌前撒上芝麻即可。

6. 高压锅"肉类排骨"键定时25分钟压制五花肉入味，减压后打开锅，一股香气扑鼻而来。

7. 将煮好的五花肉块捞出晾凉，晾凉的缘故是方便刀切，热的时候肉容易散。

8. 准备一份芽菜，用水多洗几遍，洗去盐分切段备用，葱姜切丝备用。

9. 炒锅放油，下入葱姜丝爆香，下入切好的芽菜翻炒，加入少许白糖中和盐味。

10. 准备卤肉汤适量，将卤肉汤倒入炒制的芽菜里入味。

11. 将方块五花肉小心转四周切薄片，一块五花肉切成长长的肉条备用。

12. 选择一个近似漏斗的碗，将五花肉盘进去，将炒好的芽菜放入中间的空缺中。

13. 将装好碗的菜放入蒸锅，蒸30分钟。蒸好肉时，将盘子盖在蒸菜的碗上，翻转过来，即可装盘食用。

大碗花菜

【材料】

花菜，猪五花肉，姜，大蒜，干辣椒，油，盐，鸡精，孜然粉，生抽，料酒，陈醋，辣椒酱。

【做法】

1. 花菜用刀削成小朵，如果能用手掰成小朵更好，用水洗净后控干。五花肉洗净切成薄片，姜切片，大蒜拍碎备用。

2. 热锅凉油下入切好的五花肉片小火煸炒，待肉片煸炒出金黄色，油脂析出时下入切好的姜片和大蒜炒香。

3. 下入控干水分的花菜，大火翻炒，翻炒一会儿后，再下入两勺辣椒酱，继续翻炒均匀。

4. 沿锅边下入适量的料酒、生抽以及陈醋，并加入适量的盐调味，翻炒均匀，再加入干辣椒和少许水，翻炒均匀后盖上锅盖焖煮。

5. 待锅中水分快要收干时开锅，加入适量的孜然粉提味，再加入鸡精，翻炒均匀后即可。

小技巧

1. 炒着吃的花菜挑青杆会更好吃，花菜切成小朵后可以用淡盐水泡一下，这样花菜中的小虫子就会被泡出来。

2. 凉油下锅小火煸炒五花肉，这样五花肉的油脂能更好地煸炒出来。

3. 这个花菜要做得好吃，有几味调料一定不能少，就是辣椒酱、陈醋、孜然粉。花菜本身没什么味道，这些调味可以让花菜吃起来更有味。辣椒酱用的是老干妈辣椒酱，也可以换成其他的，孜然粉加一点非常提味，吃起来更香。口味可以根据个人喜好调整，喜欢辣一点的就多放点辣椒，陈醋不要多放，辣中微酸非常开胃。

4. 喜欢爽脆一点口感的，加水不要多，一点点就好，保持在炒的过程中不要太干就好，不要盖锅直接翻炒到水分蒸干，这样吃起来就是脆口的。如果喜欢花菜熟一点的，就多加点水盖上锅盖焖煮，也会更入味一些。

千层肉

【材料】

五花肉 200 克（带皮），葱丝，姜片，植物油，酱油，精盐，味精，料酒，醋，香油，鲜汤，大料。

【做法】

1. 先将五花肉刮洗干净，放入开水锅内煮至六七成熟，捞出控去水分，皮面上抹酱油。

2. 锅内加油，烧至九成热，放入肉炸至金黄色，起小泡时捞出。控去油，再切成 8 厘米长、3 厘米宽的薄片，鱼鳞似地摆入碗内，皮朝上，加上葱丝、姜片、大料、酱油、鲜汤，上屉蒸透取出，汤撇在锅内，千层肉扣盘中，去掉葱、姜、大料。

3. 将锅内原汤，加上味精、精盐、酱油、料酒，烧开后撇去浮沫，淋上香油、醋，再浇在千层肉上即可。

小技巧

五花肉的煎制，不必用肥肉煎油，不用煎得过老，肥肉保留一些油脂，吃起来口感更好，瘦肉这个时候有一些焦焦的感觉，搭配洋白菜吃，口感非常好。简单易做家常菜，值得尝试。

煎五花肉洋白菜

【材料】

五花肉，洋白菜，葱姜蒜适量，辣椒酱，食盐，十三香，花椒粉，味极鲜酱油。

【做法】

1.将洋白菜手撕大片洗净备用。五花肉瘦肉和肥一些的分开切好备用。葱姜蒜切好备用。

2.炒锅放火上，放入稍微肥一些的五花肉下锅煎制。火不要太大，耐心地将五花肉慢慢煸出油。等油脂潵出后，五花肉呈金黄状即可。

3.放入瘦一些的肉下锅煸炒。

4.放入葱姜蒜煸出香味，加入5克辣酱、食盐、十三香、花椒粉和味极鲜酱油，炒匀。

5.放入洋白菜片，炒熟入味后，出锅即可食用。

小技巧

1.炒肉时不用另外放油，炒肉时会有少量油浸出，不然会很油腻；

2.由于老抽、生抽、面酱、腐乳汁都有咸味，所以不必另外放盐，当然依照个人口味而定；

3.炖肉一定要用开水，如果中途发现汤少，再加时也要加水；

4.沙锅不能放得过满，八成满即可，不然会溢出来。

沙锅坛肉

【材料】

带皮五花肉，腐乳汁，甜面酱，老抽，生抽，冰糖，葱段，姜片，蒜4～5瓣，料酒，八角，花椒，香叶，桂皮。

【做法】

1.将五花肉洗净，切成2厘米左右的小块，备用。

2.锅烧热，用油润一下锅，然后将油倒出，下入肉块用急火不停地翻炒，直至变色、有油浸出。

3.放入拍碎的冰糖，中火将肉炒至金黄色。

4.放入腐乳汁、甜面酱、老抽、生抽、料酒、葱段、姜片、蒜瓣炒出香味。

5.加开水，放八角、花椒、香叶、桂皮，水要没过肉块。

6.大火烧开，中火焖20分钟，然后再倒入沙锅中，盖上盖子，小火再烧1小时左右，直至五花肉软烂。

土豆扣肉

【材料】

五方花肉，土豆，葱姜等各种调味料。

【做法】

1．五花肉肉皮朝下，冷水入锅，加葱、姜、料酒。大火烧开转中小火，煮15～20分钟。煮的时间可以自己控制，要煮到肉从外到内都断生，其间撇去浮沫。

2．五花肉捞出擦干水分。表面用牙签扎一些小孔，并均匀地抹上一层老抽。

3．待老抽干了之后，入油锅，中小火两面煎一下。顺序为先煎肉皮，煎的过程中一定会有热油飞溅，要注意安全。煎至表面金黄色即可。

4．煎好的五花肉切成均匀的大片。

5．把五花肉码放在大小适合的碗中。

6．用红腐乳汁、老抽、生抽、花雕酒、耗油、糖、盐和适量的水调成汁。倒入码好五花肉的碗中。

7．蒸锅中水一次加够，上汽后转中火蒸50分钟。

8．开盖码上土豆片，土豆去皮切略厚一些的片。继续再蒸10～15分钟。如果你喜欢更加软糯的口感，可以适当增加五花肉的蒸制时间，再放土豆。

9．蒸好之后把五花肉的汤汁篦出来，蒸碗上面盖盘子，再反扣在盘子上。滗出的汤汁烧开勾个薄芡浇在扣好的肉上即可。

土豆鸡蛋沙拉

小提示

1．盐量和沙拉酱量都可以根据自己的口味适当调整；

2．黑胡椒最好不要省略，现磨黑胡椒的味道更浓郁。

【材料】

土豆2个，鸡蛋2个，葱花少许，沙拉酱2大勺，现磨黑胡椒粉适量，盐少许。

【做法】

1．土豆去皮，鸡蛋洗净，放入蒸锅，蒸15分钟。

2．土豆取出晾凉，切成小丁。

3．鸡蛋去壳，切成小丁。

4．所有材料放入沙拉碗中，放入2大勺沙拉酱。

5．放入一点点盐，撒入葱花和一点黑胡椒粉。

6．将所有材料拌匀即可食用。

鲫鱼煨白菜

【做法】

1. 活鲫鱼去鳞，开膛去内脏，掏去鳃，洗干净，滚匀面粉。

2. 大白菜去老帮，切成段。

3. 锅置火上，放熟猪油烧热，放入鲫鱼煎至两面成黄色，出锅。

4. 锅内留少许猪油，放入葱段、姜片煸炒出香味，放入白菜炒一下，再放入鲫鱼、盐、味精和清水500克，烧沸后撇去浮沫，移至小火上慢煨至菜烂时，加入牛奶，起锅装入大碗里即可。

【材料】

活鲫鱼1条（约重250克），面粉50克，大白菜400克，熟猪油100克，葱段5克，姜片5克，盐5克，味精3克，牛奶50克。

金钩白菜

【材料】

嫩白菜梗和菜心150克，熟火腿瘦肉片3大片，大金钩6只，大水发香菇1只，黄酒1匙，葱段、姜片各5克，细盐、味精各适量，猪油100克，生粉1匙半。

【做法】

1. 将白菜切成9厘米长、1.2厘米宽的大条，放入五成热的油锅中炸至柔软，捞出，沥干油。洗净锅，把3片火腿大片三对角地摆在锅底，中间放水发香菇（黑面朝下），火腿片之间各放用黄酒、温水泡软的大金钩二只，然后把白菜整齐地放在火腿、香菇、金钩上面。

小技巧

1. 必须选用嫩菜梗和菜心，不可用菜叶；

2. 掌握火候，严防沾锅底。旋锅、翻身及装盆，都要保持菜形整齐。

2. 另取一净锅，放猪油烧热，下葱段、姜片煸香，放鲜汤熬成白汁，再放黄酒、细盐和味精，烧沸后，捞出葱姜，倒入白菜锅中。用中小火扒烧20分钟，至汁浓菜酥烂时，下水生粉勾流利芡，旋锅转动，再沿锅边淋上猪油，使原料滑润，再大翻身使火腿、香菇、金钩都翻在白菜上面，装盆上桌。

葱段生煎鸡片

【材料】

净鸡肉 400 克，鸡蛋 1 个，葱白 200 克，绍酒 20 毫升，胡椒粉 1 克，白酱油 20 毫升，味精 5 克，干淀粉 15 克，奶汤 250 毫升，芝麻油 5 毫升，熟猪油 500 毫升。

【做法】

1. 将鸡肉切成长 3 厘米、宽 2 厘米的片，放在小盆里；鸡蛋打散，与干淀粉同放进小盆拌匀；葱白切成 6 厘米长段。

2. 炒锅置旺火上，下熟猪油烧到八成热时，放入葱段炸至呈金黄色，倒进漏勺沥干油。

3. 锅中留余油，放在微火上，加入奶汤、绍酒、白酱油、味精煨 10 分钟，待汤剩 50 克左右时，再加入胡椒粉推匀，装入碗中。

4. 炒锅置旺火上，舀入熟猪油烧到五成热时，将鸡片下锅，用筷子拨散，炸至色白时，提锅滗去油。

5. 将锅放回旺火上，倒下煨汁和过油葱段，翻炒几下，淋上芝麻油即成。

抓炒鸡条

【材料】

鸡脯肉 350 克、鸡蛋 1 只。

A 料：盐少量、鸡精少量、淀粉水 30 毫升。

B 料：植物油 200 毫升。

C 料：植物油 1 大勺，番茄沙司 3～4 大勺，葱姜料酒 1 大勺，高汤 100 毫升，糖 2 大勺，淀粉水适量。

【做法】

1. 鸡蛋与 A 料拌匀。

2. 用筷子将蛋液拌匀。

3. 鸡脯肉切成 1 厘米粗，5 厘米左右长的条。

4. 将切好的鸡条挂上蛋糊。

5. 锅入多量油烧制五成热，下入鸡条中小火炸制。

6. 炸熟成金黄色后沥干油入小碗中待用。

7. 锅入 C 料油加热，入番茄沙司和其他 C 料炒匀。

8. 加淀粉水进入勾芡。下入炸好的鸡条，中大火翻炒，直至汤汁浓稠全部裹住鸡条为止即可出锅。

锅塌鸡片

【做法】

1. 生鸡脯肉剔去筋膜，洗净，片 0.2 厘米厚的大片，用刀将一面划过。

2. 将鸡脯肉片划面朝上摆在大盘内，均匀地撒上葱、姜沫和酱油、精盐腌渍入味，然后逐片两面沾匀面粉。

3. 鸡蛋与湿淀粉调匀成鸡蛋糊放碗内，将绍酒、味精、酱油、精盐、清汤放入另一碗内，调成汤汁。

4. 锅内放花生油，烧至八成热，将鸡片粘匀鸡蛋糊，放入油内煎至两面呈金黄色时，滗出锅内汤汁，用微火煎至汤汁将尽时，即可出锅，翻扣在盘内即成。

【材料】

鸡脯肉 750 克,鸡蛋 1 个(蛋清),葱 10 克,姜 10 克,精盐 5 克,花生油 100 克,酱油 10 克,味精 1 克,绍酒 20 克。

彩椒炒豆渣

【做法】

1. 用手把豆渣中的水分挤干，彩椒洗净切成丁，葱切成葱花，鸡蛋磕入碗中、打散。

2. 平底锅置火上，烧热，倒入豆渣，翻炒至水分蒸发完，盛出。

3. 炒锅置火上，放油，烧至六成热，倒入打散的鸡蛋液，翻炒，搅碎。

4. 倒入葱花炒香，倒入炒过的豆渣，蚝油，翻炒。

5. 把彩椒碎倒入，加盐，翻炒，最后加点鸡精，翻炒均匀即可。

【材料】

豆渣，鸡蛋，彩椒，油，葱花，蚝油，盐，鸡精。

酱梅肉

【材料】

五花肉 500 克。

五花肉焯煮调味料：姜 1 片，葱段，自制花椒水 1 汤匙。

五花肉蒸制调味料：腐乳汁 100 克，自制花椒水 1 汤匙，食盐 1/2 茶匙，姜丝，小葱段，八角 1 个。

【做法】

五花肉的处理与清洗：

准备一块带皮五花肉，肥瘦层叠相间。用夹毛钳把肉皮上残留的细小猪毛拔干净。用刀背轻轻刮去猪皮上的杂质。将处理好的五花肉用清水冲洗干净。五花肉表面带有肋骨的，用刀把肋骨部分切下，留下五花肉块。

五花肉的焯煮过程：

锅内放入冷清水适量，放入切好的肉块，水面以没过肉块为准。放入生姜片和葱段。加入 1 汤匙自制花椒水。大火烧开，煮至水面有浮沫飘起，用勺子撇掉浮沫。继续煮至五花肉六成熟，用筷子可以扎透，但是扎的时候带有一定的阻力。将五花肉捞出，立即用清水冲去表面的杂质。

五花肉的调味过程：

冲凉的五花肉用刀切成长 6 厘米、厚 0.6 厘米的薄片。切好的五花肉片肉皮朝下，整齐码放在碗中。小碗中放入 100 克腐乳汁，加入 1 汤匙自制花椒水。加入 1/2 茶匙食盐，搅拌成调味汁。调味汁倒在大碗里。肉片上铺生姜丝、葱段和八角。

五花肉的蒸制过程：

大碗上盖一层保鲜膜。锅里放适量清水，支好蒸架，碗放在蒸架上，盖好锅盖，大火蒸 40 分钟至肉熟。从蒸锅里取出碗，滗出汤汁，留下肉片。肉片倒扣在盘子中，周围用黄瓜片做装饰。滗出的汤汁倒在锅里，大火加热至汤汁黏稠。把汤汁淋在肉片上即可。

白菜蒸火腿

【做法】

1．白菜洗净，沥干水，叶用手撕碎，菜心切竖刀。

2．姜切片，葱洗净，挽结。

3．事先处理好的火腿切片。

4．准备一个大碗，把菜叶放在碗底，平整些的菜心放上面，最上面铺上火腿、姜、葱结，加黄酒、盐。

5．锅中水烧开，放白菜，大火 20 分钟关火，一个连汤带水有素有荤的菜齐全了。

【材料】

白菜，火腿片若干，葱，姜，盐，黄酒。

黑木耳炒白菜

【材料】

水发黑木耳 100 克，大白菜 250 克，精盐、味精、酱油、花椒粉、葱花、水淀粉、素油各适量。

【做法】

1．将水发黑木耳去杂后洗净；大白菜去老叶，切去菜叶留帮，切成小块。

2．炒锅内放素油烧热，下花椒粉、葱花炝锅，随即下白菜片煸炒，炒至白菜片油润明亮时放入黑木耳，加入酱油、精盐、味精继续煸炒至熟，用水淀粉勾芡，出锅装盘即可。

东坡墨鱼

【材料】

鲜墨斗鱼1条（约750克），麻油、麻油豆瓣、水淀粉、猪油各50克，葱花15克，葱白1根，姜沫和蒜沫各10克，醋40克，绍酒15克，淀粉7克，精盐1.5克，酱油25克，熟菜油1.5千克（约耗150克），肉汤、白糖各适量。

【做法】

1. 墨斗鱼洗净，顺剖为两片，头相连，两边各留尾巴。剔去脊骨，在鱼身的两面直刀一下、平刀进剞六七道刀纹，然后用精盐、绍酒抹遍全身。葱白先切成7厘米长的段，再切成丝，漂入清水中。麻油豆瓣切细。

2. 炒锅上火，下熟菜油烧至八成热，将鱼全身粘满淀粉，提起鱼尾，用炒勺舀油淋于刀口处，待刀口翻起定型后，将鱼腹贴锅放入油里，炸至金黄色时，捞出装盘。

3. 炒锅留油50克，加猪油50克，下葱、姜、蒜、麻油豆瓣炒熟后，下肉汤、白糖、酱油，用水淀粉勾薄芡，撒上葱花，烹醋，放麻油，快速起锅，将卤汁淋在鱼上，撒上葱丝即成。

什锦锅巴

【材料】

锅巴2包，墨鱼，里脊肉，海参，叉烧肉，豌豆夹，胡萝卜，小黄瓜，虾仁，油2大匙，葱2支，姜5片，料酒1大匙，盐1小匙，胡椒粉少许，香油少许。蕃茄酱4大匙，黑醋2大匙，麻油2大匙，糖2小匙，盐1小匙。

【做法】

1. 里脊肉用腌肉料略腌20分钟，过油备用。

2. 海参切片，墨鱼切花，虾仁去肠泥，用姜、酒、盐略腌。

3. 胡萝卜切片，叉烧肉切片。

4. 起油锅，将锅巴用中火略炸成金黄色，取出装盘。

5. 倒出油锅的油，令其只剩1大匙，爆香葱，胡萝卜，加入做法2之材料炒熟，再加入叉烧肉、里脊肉、豌豆夹、小黄瓜，淋上综合调味料煮开。

6. 趁热将做法5之材料淋于锅巴上即成。

温馨提示

要选用新鲜的墨鱼，要煮熟煮透。但放入沸水锅内不宜烫得太久，否则肉质变老。

拌墨鱼丝

【材料】

鲜墨鱼 500 克，精盐 2 克，青红椒各 1 只，白糖 5 克，酱油 3 克，麻油 5 克，料酒 5 克，葱段 5 克，姜片 5 克。

【做法】

1. 鲜墨鱼去内脏，洗干净，撕掉黑皮，去掉骨头。

2. 将收拾干净的墨鱼放入锅内，加入清水，用大火煮透，加入料酒及葱段、姜片继续煮 10 分钟。

3. 青红椒切丝备用。

4. 墨鱼捞出后切成细丝，装入盘内，加入精盐、白糖、酱油调好口味，椒丝点缀，淋入麻油，拌匀后装盘即可。

腊味泡菜

温馨提示

1. 泡菜本来可以开袋即食，不需多炒。

2. 腊肉最好要煎香些，煎出一些油来，这样炒出来才有腊味。

【材料】

韩式泡菜 150 克，腊肉 60 克，青椒半只，植物油少量，韩式辣椒酱 1 大勺，糖 1 小勺。

【做法】

1. 腊肉切薄片，青椒切象眼片。

2. 锅入腊肉，小火煎香，并煎出一些油脂来。

3. 再少加点油，韩式辣椒酱、糖和泡菜翻炒片刻。

4. 最后加入青椒炒匀即可。

蘑菇蒸鸡

【材料】

肥嫩光鸡半只 500 克，蘑菇 30 克，绍酒 25 克，精盐 6 克，酱油 15 克，味精 1 克，白糖 12 克，熟猪油 20 克，水淀粉 6 克，葱 7 克，生姜 10 克，胡椒粉 0.5 克。

【做法】

1. 蘑菇去蒂洗净，光鸡用刀斩成 4 厘米长的块、葱切成段，生姜去皮切成片。

2. 鸡肉放入盘内，加进蘑菇、葱、姜、绍酒、酱油、精盐、白糖、味精、猪油、胡椒粉、水淀粉拌匀，上笼用大火蒸熟取出，拣去葱姜，盛入盘内即可。

小技巧

1. 鸡要选用肥嫩仔鸡，要用旺火蒸之，一熟即可；

2. 蘑菇换成冬菇、口蘑、平菇均可。

五柳青鱼

【材料】

活青鱼 1 条（1500 克），水发冬菇 4 克，冬笋 4 克，生姜 3 克，酱瓜 2 克，红辣椒 4 克，葱 3 克，精盐 4 克，味精 1 克，绍酒 25 克，白糖 200 克，香醋 50 克，水淀粉 20 克，酱油 10 克，鸡清汤 100 克，熟猪油 40 克，芝麻油 5 克。

【做法】

1. 将青鱼刮鳞，去鳃去内脏，斩去鳍，从鱼头下面劈开，但不要劈断，再由腹内用刀顺脊骨划开，但鱼皮不能划破。冬菇、冬笋、红辣椒、酱瓜、生姜、葱切成丝，余下的生姜、葱切成段。

小技巧

1. 鱼加热时水应保持沸而不腾，煮鱼和制卤要同时进行；

2. 卤汁勾芡时，芡汁不宜太厚。

2. 锅中放水烧沸，放入鱼，加绍酒 10 克、葱段、姜片，用小火煮熟，取出沥水装盘。

3. 炒锅上火，放入猪油烧热，把配料略炒，加入绍酒、酱油、白糖、味精，烧沸，用水淀粉勾芡，加入醋、芝麻油搅匀，浇在鱼上即成。

小技巧
1. 斩鸡块时大小一致，加热时切忌勾芡；
2. 采用此法可烹排骨、明虾。

小技巧
1. 煎鱼时锅必须烧热，否则鱼皮易粘锅；
2. 烧煮鱼时，正确掌握火候，防止烧焦糊；
3. 干烧鱼汤汁不宜多，做到亮油而不见汁；
4. 此法可制干烧青鱼、鲤鱼、鳊鱼等。

干烹仔鸡

【材料】

光仔鸡300克,葱段15克,绍酒10克,姜片8克,精盐3克,酱油5克,辣酱油40克,白糖20克,味精1克,芝麻油25克,花生油750克（实耗50克）。

【做法】

1. 将光仔鸡斩成小块，然后加入葱段5克、姜片、精盐、酱油拌渍1刻钟，使其入味。

2. 炒锅上火烧热，放入油烧至五成热时，放入鸡块浸炸，至断血捞出，待锅中油温升至七成热时再复炸一次，使表皮变成金黄色，然后倒入漏勺沥油。

3. 炒锅上火，放入麻油、葱段略煸，加入鸡块，烹入绍酒、辣酱油、白糖、味精，待锅中卤汁被鸡块吸收起锅装盘。

干烧鲫鱼

【材料】

鲫鱼2条（400克），猪肥瘦肉沫（50克），姜沫5克，葱粒25克，红辣椒沫30克，蒜沫10克，酱油10克，精盐30克，酒酿50克，白糖10克，香醋5克，绍酒25克，水淀粉10克，肉汤300克，精制菜油75克，芝麻油10克。

【做法】

1. 鲫鱼刮鳞，去鳃，去内脏，洗净，在鱼身两面各剞三刀（深度接近鱼骨），然后抹上绍酒、精盐、酱油。

2. 炒锅置旺火上烧热，放入菜油烧至七成热，将鲫鱼入锅煎至两面略黄待用。

3. 原锅上火放入菜油烧热，加姜、蒜、红辣椒沫、肉沫略煸，鲫鱼下锅，加入绍酒、酱油、酒酿、盐、肉汤烧沸，移入小火烧至成熟，将鱼盛入盘内，锅置旺火上，汤汁用淀粉勾芡，淋入醋、芝麻油，撒上葱粒，浇在鱼身上即可。

小贴士

1. 炸八块可用发酵粉糊, 也可用蛋清糊;
2. 制糊不可过厚, 并要均匀。

炸八块

【材料】

光仔鸡 750 克, 葱沫 25 克, 精盐 5 克, 绍酒 5 克, 味精 2 克, 花椒盐 2 克, 发酵粉 0.5 克, 面粉 150 克, 精制菜油 1000 克 (约耗 75 克)。

【做法】

1. 将仔鸡剔去骨头, 切成菱形块, 加入精盐、味精、绍酒, 腌渍一下。

2. 取一只碗, 放入面粉、清水、发酵粉拌匀, 发酵后加上精制菜油拌匀待用。

3. 锅置火上烧热, 加上菜油烧至六成热, 将鸡块裹上发酵粉糊, 投入油锅中炸制。当炸到糊发硬, 捞出沥油, 待油温升至七成热时, 将鸡块再复炸一次, 当色泽微黄时, 倒入漏勺沥油。

4. 锅中留少许油, 投入葱沫稍煸炒, 下入鸡块, 边翻锅边撒入花椒盐装盘即成。

小技巧

1. 鸡腌渍时, 酱油不宜放得太多;
2. 油炸时以断血为宜, 过火则老。

油淋仔鸡

【材料】

光仔鸡 1 只 (1000 克), 葱沫 20 克, 绍酒 25 克, 酱油 35 克, 香醋 10 克, 葱段 10 克, 姜片 3 片, 辣酱油 15 克, 精盐 4 克, 白糖 15 克, 味精 1 克, 芝麻油 25 克, 鸡清汤 100 克, 精制菜油 1250 克 (实耗 100 克)。

【做法】

1. 将光鸡从脊背剖开, 去内脏、脚爪, 剔去脊骨, 在两腿里侧各拉一刀, 深至骨, 在鸡翅膀处各用刀背排二刀。

2. 用盐在鸡身上揉搓, 再抹上绍酒、酱油、姜片、葱段腌半小时, 将葱沫、芝麻油、辣酱油、香醋、糖、味精、鸡清汤兑成略带甜酸的汁。

3. 炒锅上火, 放入精制菜油至五成热时, 将鸡放入油内用小火浸炸熟透, 捞出鸡, 待油温升至七成热时, 再复炸至金黄色取出, 用刀剁成条形块, 装成鸡的原形, 浇上兑好的汁即可。

小技巧

1．豆腐丝要细而均匀，必须浮在汤面上；

2．勾芡时不能太稠或太稀；

3．配料所用的火腿、鸡丝可用肉丝代替。

文思豆腐

【材料】

豆腐 150 克，火腿丝 50 克，熟鸡丝 50 克，冬笋 50 克，水发冬菇 50 克，青菜叶 40 克，精盐 5 克，味精 3 克，湿淀粉 20 克，鸡清汤 1000 克，熟猪油 75 克。

【做法】

1．豆腐批去边皮切成丝，用开水漂一下，去掉豆腥味待用，冬菇、冬笋、青菜叶分别切成丝。

2．炒锅上火放鸡清汤，轻轻地将豆腐丝放入锅中，加入鸡丝、冬菇丝、冬笋丝、火腿丝和精盐烧开，但不能太滚，豆腐丝浮起时，用水淀粉勾成米汤芡，放入青菜丝，淋熟猪油起锅装碗即可。

小贴士

1．切猪肝时刀要锋利，厚薄一致；

2．猪肝片滑油时，油温不宜太高或太低。

青蒜炒猪肝

【材料】

猪肝 200 克，青蒜 75 克，绍酒 15 克，酱油 30 克，白糖 25 克，味精 1 克，精盐 2 克，香醋 10 克，芝麻油 10 克，水淀粉 25 克，花生油 500 克（实耗 75 克）。

【做法】

1．猪肝去净筋膜，切成柳叶片，放盛器内用水淀粉浆一下，青蒜拍松反刀批成片待用。

2．炒锅上旺火烧热，放花生油 500 克至六成热，放入猪肝，用铁勺将猪肝拨散，待变灰白色倒入漏勺沥油，原炒锅留少量油上旺火，放入青蒜煸炒，加绍酒、酱油、精盐、味精、白糖，倒入猪肝，用水淀粉 10 克勾芡，淋上醋、芝麻油，颠翻起锅，装盘即可。

小技巧

1. 鸡翅焖时防止粘锅，要求酥烂脱骨不失其形；

2. 酱油不宜放得太多，否则色变红褐。

贵妃鸡翅

【材料】

鸡翅膀 16 只，水发冬菇 50 朵，精盐 3 克，味精 1 克，白糖 5 克，绍酒 10 克，红葡萄酒 100 克，鸡清汤 750 克，酱油 15 克，葱 10 克，生姜 15 克，花生油 1000 克（实耗 75 克）。

【做法】

1. 将翅尖一节斩掉，用酱油 4 克、绍酒腌渍片刻，冬菇去蒂洗净批成片，将葱切成 7 厘米长段。

2. 炒锅上火加入花生油烧至七成热，鸡翅下锅炸至金黄色待用。

3. 取锅上火烧热，放花生油 50 克，整葱姜下锅煸香，放入鸡翅，加红葡萄酒及白糖、酱油煸一下上色，然后加入鸡清汤、精盐、味精大火烧开，装入沙锅中，用小火焖熟。

4. 另取炒锅将葱段、冬菇煸一下，倒入沙锅中间，把余下的红葡萄酒倒入沙锅，加盖用小火焖 20 分钟即可上桌。

【材料】

嫩豆腐 5 块（约 300 克），虾仁 200 克，猪肥瘦肉沫 100 克，梨 1 个，鸡蛋清 2 个，火腿沫 25 克，香菜叶 12 片，精盐 5 克，味精 3 克，牛奶 150 克，熟猪油 25 克，鸡汤 1000 克。

梨花豆腐汤

【做法】

1. 将虾仁洗净，剁成茸放在碗内。豆腐去掉老皮，搅碎放入虾仁茸中，加精盐、味精、鸡蛋清、牛奶，搅拌成均匀的豆腐泥待用。

2. 将生梨削皮去核，剁成碎沫放入大汤碗，加入猪肉沫、精盐、味精拌匀成馅，然后取 12 只小酒盅，每只盅的内壁涂上一层熟猪油，放入肉馅，再放上豆腐泥抹平，随后放上一片香菜叶和一撮火腿沫，摆成鲜花状，上屉蒸约 8 分钟。

3. 将汤锅置旺火上，放入鸡汤、精盐、味精，待汤烧开后，起锅盛入大汤碗内，随即将蒸好的豆腐由盅内取出放入汤碗内即成。

烧鸡甲鱼

【做法】

1. 将甲鱼腹部向上，待头伸出时斩断其颈，放尽血，入沸水内余至甲鱼裙边能与其甲分离时，捞出放清水内，将裙与其甲分开，然后刮去甲鱼全身粗皮，除去内脏、斩去足爪，洗净。将鸡剁好洗净。再与甲鱼入沸水内余一下捞出，放入铝锅内加上汤、姜、葱、精盐、绍酒、红糖用旺火烧沸（以汤呈黄色为宜），撇尽浮沫，而后改用小火烧约20分钟，盛入蒸盆，加胡椒粉、味精入笼用旺火蒸约2小时至熟。

2. 炒锅置中火上，下油烧至三成热，放入白菜心炒一下，再从笼内取出蒸盆，将原汤沥入锅中，待白菜心烧熟后，捞出来垫于盘底，把甲鱼、鸡放在菜的上面。最后将锅内的汤汁用生粉水勾芡，淋番油，浇在甲鱼、鸡上即成。

【材料】

鸡1只(约1000克)，甲鱼1只(约800克)，白菜心300克，姜(拍破)、葱段、胡椒粉、味精、精盐、绍酒、香油、红糖、生粉、油各适量，上汤1大碗。

青椒鳝丝

【材料】

净鳝鱼肉300克，青椒150克，豆瓣酱15克，花生油、料酒、盐、味精、胡椒粉、水淀粉、玉米粉各适量。

【做法】

1. 将鳝鱼肉斜切成3.5厘米长的细丝，用精盐、玉米粉浆上，青椒择洗干净，切成同样的细丝。

2. 锅上火放花生油烧至六成热时下豆瓣酱炒香，放入鳝鱼丝炒散，把青椒丝倒入稍炒，放胡椒粉、精盐、味精炒熟，用水淀粉勾芡即可装盘。

泰香鸭松米

【材料】

鸭胸肉1块,泰国香米1碗,彩椒,青椒,蛋黄,玉米,腰果,淀粉,料酒,食盐,食油,蚝油,香油。

【做法】

1. 鸭胸肉洗净备用,煮熟的泰国香米1碗,玉米粒适量,没有可以不放。

2. 打3个鸡蛋,将蛋黄搅打均匀。

3. 将蒸熟的泰国香米放入蛋黄液里,搅打均匀使每粒米都裹上蛋黄液。

4. 炒锅放油,油热后放入米饭翻炒,这个时候的感觉非常好,米一粒粒的像在锅里跳舞。

5. 将炒好的米饭放入大碗里,压实,主要是为了造型。

6. 将碗反扣在盘子里,在造型米饭的中间取合适的东西,压凹下去,方便盛菜用。

7. 鸭胸肉切四方肉丁,鸭皮很油和肉容易分离,将皮单独切好备用。

8. 将鸭肉用料酒、食盐、蛋清和淀粉腌渍起来,放入油里轻微烧制一下,这样主要是使鸭肉嫩一些。

9. 将椒类全部切丁备用。

10. 炒锅放火上不用放油,放入鸭皮,煎出鸭油。放入玉米粒翻炒,放入彩椒丁以及鸭肉丁,加入调味料。

11. 加入适量清水,使菜多些汤汁,最后加入熟腰果丁,淋入香油即可出锅。

蚂蚁上树

【材料】

干粉条200克,猪肉沫125克,黄酒6克,豆瓣酱少许,味精2克,泡辣椒8克,葱花3克,酒酿13克,姜沫3克,猪油适量。

【做法】

1. 将猪肉沫下锅,炒至将干时放豆瓣酱、泡辣椒、酒、味精、酱油,有香味时加酒酿放汤。

2. 将干粉条用猪油炸起泡放入锅内,与肉沫一起用文火烤干,临起锅时放葱、姜即好。

菊叶蛋汤

【做法】

1. 将菊叶洗净沥干水，将鸡蛋磕入碗内调匀。

2. 将汤锅置火上，放油烧热，下入葱沫炝锅，加适量的清水煮开，放入菊叶略煮，然后淋入鸡蛋液，加精盐、味精，淋入香油，起锅盛入汤碗内即成。

【材料】

菊叶 500 克，鸡蛋 2 个，花生油 5 克，精盐 2 克，葱沫 3 克，味精 2 克，香油少许。

沙锅鱼翅

【做法】

1. 将带骨鸡剁成 3 厘米见方的块，下开水锅中，汆烫一下，冲洗干净，葱、姜切块，香菜切段，待用。

2. 勺加底油，上火烧热，放入葱块、姜块炸一下，加鸡汤、精盐、味精、料酒，调好口味，倒入沙锅内，然后将鸡块放入沙锅内。

3. 将水发鱼翅整理干净，码摆在盘里再推入沙锅里的鸡块上面，大火烧开，小火慢烧至鸡块、鱼翅酥烂入味时撤火，撒入香菜段上桌。

【材料】

水发鱼翅 750 克，带骨鸡 500 克，鸡汤 500 克，香菜 15 克，熟猪油、味精、料酒、精盐、葱、姜各适量。

三鲜沙锅鱼翅

【做法】

1.将发好的鱼翅用温水洗一遍，挤净水，好面朝下，码在盘内。把海参、大虾、熟鸡肉、冬笋、冬菇均切成片。油菜切成段，放在开水内氽烫一下，捞出，沥净水分，放在沙锅内。把码好的鱼翅用手推在沙锅内三鲜的上面。把肥肉膘一面切成花刀。

2.勺内放少量的清油，油烧热时用葱、姜块炝勺，添鸡汤，放入肥肉膘、精盐、料酒，倒在沙锅内，烧开后移在微火上烧15分钟，取出葱、姜块、肥肉膘，加上味精、香菜和鸡油即成。

【材料】

发好鱼翅250克，水发海参100克，熟鸡肉100克，净大虾100克，冬笋15克，水发冬菇15克，香菜叶5克，油菜15克，肥肉膘150克，鸡汤适量，精盐、味精、料酒、鸡油、葱、姜块各少许。

芥菜咸蛋汤

【材料】

芥菜250克，熟咸鸭蛋2个，酱油2克，味精2克，花生油5克，姜片5克。

【做法】

1.芥菜洗净切段。熟咸鸭蛋剥壳，放入碗内，取出蛋黄放在案板上，用刀压扁，咸蛋白放入凉水碗中浸泡。

2.将汤锅置火上，放油烧热，下入姜片炝锅，然后烹入清水烧开，放入芥菜与咸蛋黄，烧开后再放入咸蛋白，最后放入酱油、味精，起锅盛入汤碗内即成。

牛肉鸡蛋汤

【做法】

1. 将芹菜洗净，切成小段，番茄切成小丁，鸡蛋磕入碗内调匀，将牛肉洗净，切成丝泡入清水中待用。

2. 将牛肉连清水放入汤锅内，置火上烧开后，改用小火煮熟。再加入精盐、味精、胡椒粉、料酒、芹菜、番茄，待汤再开时，淋入鸡蛋液，起锅盛入汤碗内即成。

【材料】

牛肉 200 克，鸡蛋 2 个，芹菜 1 棵，番茄 1 个，料酒 5 克，精盐 3 克，清汤 1000 克，味精、胡椒粉各少许。

香菇凤爪汤

【材料】

冬菇 100 克，冬笋、火腿各 15 克，鸡爪 10 只，料酒 15 克，精盐 15 克，味精 2 克，葱、姜少许，鸡汤适量。

【做法】

1. 将冬菇泡发后去根蒂、洗净，冬笋切片，鸡爪洗净去趾尖，一刀两段，下沸水烫一下，捞出后洗净。

2. 将鸡爪、冬菇、冬笋、火腿，放入大汤碗中，加鸡汤、精盐、味精、料酒、葱、姜段、上屉蒸至鸡爪酥烂时，取出即可。

绿叶口蘑

【做法】

1. 口蘑洗净去沙，切下菌柄，将口蘑片为3～4片，绿叶菜洗净后用开水汆烫一下，捞出沥净水分，待用。

2. 用有盖的汤锅一只，放入口蘑汤、鸡汤，再下入口蘑片，加熟花生油、精盐、姜片、料酒、味精，烧30分钟左右，再投入熟绿叶菜，然后倒入大汤碗内即成。

【材料】

水发口蘑 200 克，熟花生油 40 克，料酒 5 克，味精 1.5 克，口蘑汤 250 克，精盐 4 克，鸡汤 500 克，绿叶菜适量，姜片 5 克。

小技巧

1. 鱼丝上浆滑油时动作要轻，防止鱼丝断碎；
2. 没有桂鱼可用黑鱼、青鱼代替。

瓜姜鱼丝

【材料】

桂鱼净肉 250 克，甜酱瓜 50 克，仔姜 10 克，葱 10 克，鸡蛋清 1 个，绍酒 10 克，精盐 3 克，味精 1 克，芝麻油 5 克，白糖 3 克，鸡清汤 10 克，干淀粉 5 克，水淀粉 7 克，精制菜油 500 克（实耗 50 克）。

【做法】

1. 将桂鱼肉切成丝，用清水漂去血水后沥去水，用绍酒 5 克、精盐 2 克、鸡蛋清、干淀粉上浆待用，将酱瓜切成丝用清水泡去部分咸味，仔姜、葱切成丝待用。

2. 用小碗放入绍酒、精盐、白糖、水淀粉、鸡清汤、味精调匀成汁。

3. 锅置火烧热，放入菜油烧至五成热时，把鱼丝滑油至熟，倒入漏勺。原锅再上火，放入菜油 10 克，把酱瓜丝、姜丝下锅煸炒几下，放入鱼丝，接着投入兑好的汁和葱丝，翻炒均匀，淋上芝麻油装盘即成。

温馨提示

1. 鳝鱼焯水时不宜大沸；

2. 勾芡时芡汁不能太稠或太稀；

3. 炒鳝糊也可把鳝鱼背与肚混合炒。

炒鳝糊

【材料】

熟鳝鱼背肉 400 克，蒜沫 5 克，葱沫 5 克，姜沫 5 克，绍酒 25 克，酱油 30 克，白糖 20 克，精盐 1 克，醋 10 克，芝麻油 25 克，胡椒粉 0.5 克，鸡清汤 100 克，水淀粉 10 克，熟猪油 75 克。

【做法】

1. 鳝鱼脊背肉洗净后，用刀切成 7 厘米长段放入沸水锅，加绍酒 10 克，焯水后，捞出沥干水分待用。

2. 炒锅上旺火烧热，加热猪油至六成热，投入葱姜沫、鳝鱼煸炒，加绍酒、酱油、盐、白糖、鸡清汤，移小火烧 5 分钟，转旺火用水淀粉勾芡，加醋，翻锅成鳝糊装盘。

3. 用铁勺在鳝糊上捺一小穴，放上蒜泥，炒锅洗净上旺火，加入芝麻油烧至八成热，起锅将芝麻油浇在蒜泥上，撒上胡椒粉即成。

大葱烧海参

【做法】

1. 海参切成大片；葱白切成约 5 厘米的大段，姜切丝。

2. 海参凉水入锅，大火煮开，烧 5 分钟，捞出沥干水分备用。

3. 小锅内加入猪油，烧至五六成热时加入葱白，小火慢慢炸至金黄色，关火。

4. 捞出葱段备用，葱油留用。

5. 另起锅，加入姜丝、盐、料酒、酱油和糖，大火烧开，加入海参，加入葱段，再次烧开后转微火，煨 2～3 分钟。

6. 转大火，少量多次加入水淀粉（大约 1 大勺）勾芡，转中火烧透收汁。

7. 淋入葱油，关火。

【材料】

水发海参 8 只，大葱白 200 克，猪油 2 大勺，鸡汤（或水）250 毫升，姜丝适量，盐 1/4 小勺，料酒 2 大勺，酱油 1 大勺，白糖少许，水淀粉适量。

腊肉烧豌豆

【做法】

1. 老腊肉清洗干净，放入沸水锅中煮熟捞出，切成丁；青豌豆洗净；老姜、大蒜去皮洗净，切成片；大葱洗净，取其葱白，切成丁。

2. 锅置旺火上，烧精炼油至四成热，放入姜片、蒜片炒香，掺入鲜汤，稍煮一会儿，捞出姜蒜不用，倒入腊肉丁、青豌豆，下盐、料酒、胡椒粉，烧至豆入味，投入葱丁，用水淀粉勾芡，收汁亮油，烹入味精、鸡精，颠锅翻转和匀，起锅盛入盘中即成。

【材料】

老腊肉 200 克，青豌豆、老姜、大蒜、大葱、鲜汤、盐、味精、鸡精、料酒、胡椒粉、水淀粉、精炼油各适量。

一口香豆腐

【材料】

嫩豆腐 1 块，姜 2 片，葱段、生粉、红辣椒、食盐、泰汁酱、上汤、花生油、橙汁各适量。

【做法】

1. 将豆腐切成厚片，用盐水浸泡待用，红椒切片。

2. 起锅爆香嫩豆腐、姜片、红辣椒，注入生粉、食盐、泰汁酱、上汤、花生油煮开加食盐调味。

3. 放入豆腐略煮，勾芡，加包尾油即可。

【材料】

黄豆 600 克，酱油 90 克，熟芝麻沫 40 克，香油 40 克，花椒粉少许。

罗江豆鸡

【做法】

1. 把黄豆用清水泡透，磨成豆浆，滤去豆渣，盛入锅内，烧沸后改用小火（始终保持微微的沸腾），待浆面起油皮时，用竹筷将油皮挑起，摊开晾干，直至挑完。

2. 把芝麻沫、酱油、香油、花椒粉调匀，抹在油皮上，然后裹成长 14 厘米、宽 3 厘米、厚 12 厘米的长方块，上笼约蒸 30 分钟，使调料浸透油皮，取出晾凉后，横切成宽 3 毫米的条即成。

【材料】

嫩豆腐 500 克，猪肉蓉 100 克，鲜虾蓉 50 克，鲜鸡蛋清 5 个，淀粉 65 克，色拉油 1000 克，白糖 150 克，米醋 25 克，麻油、料酒各 5 克，葱姜沫、味精、精盐各适量。

酿豆腐

【做法】

1. 把猪肉蓉、虾蓉、料酒、葱姜沫、味精、精盐、麻油、蛋清 1 个调拌均匀成馅。

2. 把豆腐切成直径 2.5 厘米、5 毫米厚的小片，两面撒上淀粉，再把每两片豆腐中间夹入蚕豆大小的馅心，即成"酿豆腐"生坯。

3. 把蛋清 4 个抽成蛋泡，加入淀粉 40 克，朝一个方向拌匀成蛋泡糊。

4. 锅内倒入色拉油，加热至五成热时，将酿豆腐的生坯挂满蛋泡糊放入油中，炸呈银白色时捞出，待油温略有上升把酿豆腐再次下油中炸至馅熟色淡黄时，即可捞出，控净油装盘。

5. 炒锅内放入清水 75 克，倒入白糖，熬成稀糊状，水泡此起彼伏时，点入香醋，搅拌一下即可浇在豆腐上食用。

九转豆腐

【材料】

豆腐 500 克，猪肉小方丁 50 克，海米
10 克，火腿沫 5 克，冬笋小方丁 25 克，
鲜汤 250 克，水淀粉 15 克，猪油 50 克，
酱油 15 克，麻油 10 克，料酒、味精、
白糖、葱姜蒜沫、香菜沫各适量。

【做法】

1. 把豆腐洗净，上屉蒸约 15 分钟，取出挤
出水分，切成 1.75 厘米见方的丁。

2. 炒锅放火上，用旺火烧热，放油、葱姜
蒜沫炝锅，炒出香味时，放肉丁、冬笋丁同
炒一下，加酱油、鲜汤、海米、味精、料酒、
白糖、豆腐丁，汤沸时，移小火上煨至汤汁
减为一半时，用水淀粉勾芡，淋麻油，盛入
盘中，撒上火腿沫、香菜沫即成。

面包虾仁

【材料】

虾仁 300 克，面包 80 克，油 1000 克（实
耗约 100 克），料酒 30 克，醋 10 克，盐 2
克，味精 7 克，葱花 2 克，鸡蛋 30 克，水
淀粉 50 克，面少许，麻油 10 克，汤适量。

【做法】

1. 虾仁放碗里，加鸡蛋、淀粉、面，抓匀糊，
面包改刀成片，过油炸黄，捞到盘里。

2. 用碗将料酒、醋、盐、味精、葱、淀粉、
汤兑成汁。

3. 锅烧油，倒虾、味汁，颠锅翻出，淋麻油，
浇在面包上。

辣子花螺片

【做法】

1. 大花螺取净肉，清洗干净，用盐、醋将螺肉再洗擦1次，放入清水中冲洗干净，改刀成片，然后放入姜、葱、盐、料酒、胡椒面、松肉粉、生粉码味30分钟后拣去姜葱不用，姜蒜切成片。

2. 锅内烧油至四成热，下码味后的花螺片滑散，放干辣椒、豆瓣酱、花椒炒香上色，然后下姜蒜片炒香，放味精、白糖、麻油，起锅装盘即成。

【材料】

大花螺6个，青红辣椒，干辣椒段、豆瓣酱、花椒、姜、蒜、大葱、盐、味精、料酒、醋、胡椒面、白糖、松肉粉、生粉、精炼油、麻油各适量。

双椒田螺

【材料】

水发田螺肉500克，小青椒、甜椒、豆瓣、泡姜、老姜、野山椒、红油、松肉粉、盐、料酒、胡椒面、葱、白糖、醋、麻油、精炼油各适量。

【做法】

1. 将田螺肉洗净，放入姜、葱、盐、料酒、胡椒粉、松肉粉码味10分钟。小青椒同甜椒洗净切成细粒，泡姜切成粒，野山椒剁细。

2. 锅内烧水，将码味后的田螺氽水捞出。

3. 锅置旺火上，烧油至四成热，下豆瓣酱炒香，下野山椒、小青椒、甜椒粒稍炒一会儿，下田螺肉，用锅来回推转均匀，放入白糖、醋、红油、味精、麻油炒匀，起锅装盘即成。

花椒肉

【做法】

1．把瘦猪肉洗净，切成2厘米的方丁，用盐、绍酒、葱段、姜（拍松）、酱油与肉丁拌匀，腌渍15分钟，干辣椒去蒂去子切成节。

2．炒锅内放菜油烧至八成热，将肉丁放入炸约4分钟捞起（不要把水气炸得过干）。

3．锅内留菜油少许，放入干辣椒、花椒、葱、姜炒，把肉丁倒入，加少许白糖，煸炒添汤烧开入味，收干汁即可。

【材料】

瘦猪肉400克，干辣椒200克，花椒10克，白糖20克，绍酒20克，汤100克，酱油30克，菜油300克（实耗5克），葱、姜各20克，盐2克。

蜜汁黑椒牛蒡

【材料】

牛蒡200克，黑椒碎60克，香菜碎少许，蜜糖1茶匙，食用油150克。

【做法】

1．牛蒡去皮切丝，用清水稍浸泡沥下，放入蜜糖拌匀。

2．用油将牛蒡丝炸至金黄，滤干油分。

3．起锅用慢火烘香黑椒碎，放入香菜碎，倒入炸好的牛蒡丝，拌匀即可。

煎酿青椒

【做法】

1. 将青椒、红椒去子，洗净，每只切成4半，放盘内。

2. 将虾仁、海参切碎放肉馅内，加蛋清、精盐、味精、葱姜沫、麻油、胡椒粉、绍酒调匀。

3. 把青椒、红椒块擦干水分，沾上薄层淀粉，酿馅，抹光，撒上适量淀粉。

4. 锅擦净加热放油，烧至四成热，把青、红椒块面朝上，肉贴锅放入油上煎呈金黄色，然后加绍酒、鲜汤、味精、精盐用小火，盖上盖焖4分钟，揭盖用旺火收汁，淋上麻油出锅按红绿间隔有规律地排列成花朵形状装盘，最后淋上原汁即成。

【材料】

青椒4个，红柿子椒2个，猪肉馅150克，虾仁、海参各25克，蛋清1个，淀粉10克，猪油75克，鲜汤100克，精盐、味精、葱姜沫、麻油、胡椒粉、绍酒各适量。

香煎尖椒

【材料】

五花肉250克，香菇5朵，青尖椒、红尖椒各5个，食盐、酸奶、蚝油、色拉油、橙汁、葱花、姜蓉、胡椒粉各适量。

【做法】

1. 将五花肉剁成肉沫；香菇浸发去蒂，切碎；青红尖椒去子。

2. 把五花肉沫、香菇碎加葱花、姜蓉、食盐、胡椒粉、蚝油打至起胶，酿入尖椒内。

3. 用平底锅烧油至五成热，放入尖椒，用慢火煎10分钟至熟，铲起沥干油分上碟。

4. 起锅注入橙汁煮沸，和入酸奶与酿尖椒拌吃即可。

虾皮拌尖椒

【做法】

1. 尖椒去蒂、去子洗净切成小滚刀块装盘。

2. 虾皮用温水泡开洗净放青椒上。

3. 把精盐、味精、醋、葱姜蒜沫、麻油放虾皮上，再放上香菜段即成。

【材料】

尖椒 250 克，虾皮 75 克，香菜段 5 克，精盐、味精、醋、葱姜蒜沫、麻油各适量。

松花蛋拌豆腐

【材料】

南豆腐 1 盒（200 克），松花蛋 2 个，葱沫、香菜沫各 5 克，精盐、味精、香油各适量。

【做法】

将松花蛋去皮，切成 1 厘米见方的块；南豆腐用小刀划成 2 厘米见方的块，翻扣在盘中（保持原形），再将盐、味精、香油均匀撒在豆腐上，再放上松花块，最后撒上葱沫、香菜沫即成。就餐时轻轻搅拌即可。

油酥豆

【做法】

1.把黄豆去杂洗净，加清水泡开，再控净水分，打入鸡蛋拌匀，加淀粉，用手揉搓，使黄豆均匀地裹上一层。

2.锅内倒入油，加热至八成热时，将裹糊黄豆放入油中，炸至金黄色时，捞出控净油，撒上精盐拌匀即可食用。

【材料】

黄豆250克，鸡蛋1个，淀粉100克，色拉油750克，精盐适量。

炒焖黄豆

【材料】

黄豆1000克，酱油、麻油、葱姜沫、味精、花椒粉、香菜段各适量。

【做法】

1.把葱姜沫、花椒粉、香菜段、味精一齐放入酱油中调成汁备用。

2.把黄豆去杂质洗净控净水，放入炒锅内用慢火炒熟，装入盆内，随之倒入调好的汁加盖焖20分钟，去盖淋麻油拌匀，即可食用。

酥炸豆腐排

【材料】

豆腐 2 块，馒头渣 150 克，鸡蛋 2 个，面粉 50 克，色拉油 750 克，精盐、味精、葱姜沫、绍酒各适量。

【做法】

1. 把豆腐切成 8 厘米长、4 厘米宽、1 厘米厚的大片，撒上味精、精盐、绍酒、葱姜沫腌 5 分钟。

2. 锅内倒入油，加热至五成热，将豆腐片沾一层面粉，拖一层蛋液，滚上馒头渣，下油炸呈金黄色捞出，切成一字条码盘里即成。

素炸羊尾

【材料】

鸡蛋清 8 个，豆沙 50 克，山楂糕片 50 克，青梅丝 25 克，淀粉 100 克，面粉 25 克，猪油 1000 克，白糖 150 克。

【做法】

1. 将 8 个蛋清搅打成蛋泡状，再加淀粉、面粉和成雪衣糊。

2. 把豆沙馅分成 20 分，团成小圆球，然后用手压扁，放盘内待用。

3. 炒锅放火上，倒入猪油，烧至四五成热时，把雪衣糊放汤匙内，摆入压扁成形的豆沙馅，再抹上雪衣糊封上豆沙馅，用手指慢慢将雪衣豆沙推入油中，炸透呈银白色时捞出，控净油，逐个炸完，放入盘内摆好，撒上白糖、山楂糕片、青梅丝，即可食用。

香煎黄鱼

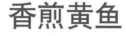

【做法】

1. 将鱼去鳞、鳍、内脏及鳃，洗净。

2. 鸡蛋磕入盘中，打匀，葱切成丝。

3. 炒锅上火，将猪油放入烧热，把鱼放在盛有鸡蛋液的盘中，使鱼体上蘸满蛋液，放入锅中煎制，待两面均煎成黄色时，加入鸡汤、盐、料酒、味精、葱丝，用小火烧约 10 分钟，待汁较少时，加入水淀粉将汁收浓，淋入香油即可装盘。

【材料】

鲜黄鱼 1 条（重约 500 克），鸡蛋 1 个，猪油 100 克，鸡汤 300 克，盐 8 克，味精 3 克，料酒 10 克，淀粉 3 克，葱 10 克，香油 5 克。

炒豆腐脑

【材料】

嫩豆腐 250 克，清汤 100 克，猪油 25 克，玉米淀粉 10 克，鸡油 10 克，精盐、味精、料酒、葱姜沫各适量。

【做法】

把炒锅放在旺火上，倒入猪油，油四成热时，下葱姜沫炒几下，随即将豆腐放锅内炒碎，炒约 2 ~ 3 分钟后，放盐、料酒、味精，再加清汤搅成羹状，用调稀的玉米淀粉勾芡，淋上麻油即成。

两炸豆腐

【做法】

1. 把冻豆腐切成5厘米长、3.5厘米宽、1.2厘米厚的合页片；再把海米丁、笋丁、肉馅加精盐、味精、葱姜沫、花椒面调成馅，酿入冻豆腐合页片内。

2. 把胡萝卜用梅花漏子压成小梅花形；香菜去掉顶叶；再把蛋清抽成蛋泡糊，加入淀粉40克和成蛋泡糊。

3. 锅内放入猪油，加热至四成热时，把冻豆腐合页片沾面粉，托蛋泡糊点缀上香菜叶、梅花，放入油中炸透捞出摆在盘周围。

4. 把豆腐压成泥加鸡蛋、淀粉60克、精盐、花椒面、葱姜沫调好口味，挤成直径1.5厘米的丸子，沾上馒头渣，放入五成热油中炸透捞出，摆在盘中间即成。

【材料】

豆腐500克，冻豆腐300克，猪肉馅50克，海米丁25克，冬笋丁50克，蛋清4个，鸡蛋1个，淀粉100克，面粉25克，馒头渣150克，猪油500克，色拉油750克，精盐、味精、花椒面、葱姜沫、香菜叶、胡萝卜各适量。

【材料】

豆腐400克，鱿鱼50克，虾仁30克，鸡片30克，鱼片30克，香菇15克，葱头15克，黄瓜15克，熟猪肚30克（也可放些油菜），蚝油20克，老抽酱油10克，盐2克，味精3克，料酒15克，胡椒1克，白糖5克，水淀粉45克，高汤50克，面粉50克，清油750克（约耗75克），鸡蛋半个，葱、姜沫各3克。

八珍豆腐

【做法】

1. 鱿鱼切成麦穗花刀；虾仁、鸡片、鱼片用鸡蛋、水淀粉上浆煨好；猪肚切片，黄瓜、葱头、香菇均切厚片；用热水将香菇煮熟。

2. 豆腐切3厘米见方、2厘米厚的块；蘸上面粉，用急火热油，炸至金黄色，熟后控净油，装入汤盘中；将虾仁、鸡片、鱼片过油滑开。

3. 坐勺，葱、姜沫炝勺，放蚝油、老抽酱油、盐、味精、料酒、胡椒、白糖、高汤，并将鱿鱼、虾仁、鱼片也放入勺中，烧开后挂芡，加明油，浇在炸好的豆腐上即成。

黄花菜炒金针菇

【材料】

黄花菜 200 克，金针菇 200 克，植物油 50 克，精盐、鸡精、酱油、麻油、白糖、葱姜沫各适量。

【做法】

1.将黄花菜用温水泡发，去蒂，洗净，沥干水分，金针菇洗净，切成段，沥干水分，待用。

2.将植物油烧热，放入葱姜沫炸香，再放入黄花菜、金针菇段煸炒，加入精盐、白糖、酱油炒匀，撒入鸡精炒匀，熟透后淋入麻油，出锅装盘即成。

罗汉菜心

【做法】

1.将油菜心洗净，在每棵根部劈成十字刀口，放入加盐的开水中余一下捞出，控净水，沾上 40 克淀粉摆盘中待用。

2.将鸡胸脯肉砸成泥，用 100 克鸡汤匀散，再加入鸡蛋清、精盐 2.5 克、绍酒 5 克、鸡油 5 克，搅拌成糊状，做成一个个牛眼球形，镶在每根油菜心的根部，用豌豆苗和火腿沫点缀，上屉用旺火蒸熟，放在盘中。

3.将炒锅放旺火上，倒入鸡汤及绍酒，下入精盐、淀粉，勾成薄芡，淋上鸡油，然后将汁芡浇在油菜上即成。

【材料】

油菜心 250 克，鸡胸脯肉 250 克，火腿沫 50 克，鸡蛋清 2 个，豌豆苗 12 棵，淀粉 50 克，鸡汤 250 克，鸡油 10 克，绍酒 10 克，葱姜汁、精盐各适量。

玉树罗汉

【材料】

菜心 100 克，面筋 50 克，鸡腿菇 50 克，红萝卜 15 克，花生油 20 克，盐 5 克，味精 5 克，白糖 1 克，水生粉适量，麻油少许，蚝油 10 克。

【做法】

1. 菜心去除老叶，面筋切片，鸡腿菇切片，红萝卜去皮切片。

2. 烧锅加水，待水开时下少许盐，加入鸡腿菇、红萝卜煮片刻，捞起沥干水分，烧锅下少许油，把菜心炒熟摆入碟内。

3. 另烧锅下少许油，放入面筋，红萝卜片、鸡腿菇片翻炒几次，调入盐、味精、白糖、蚝油、清汤少许烧透，用水生粉勾芡，将麻油淋在菜心上即成。

【材料】

海米 30 克，蛋清 2 个，油菜 200 克，淀粉 15 克，猪油 500 克，鲜汤、精盐、味精、葱姜沫各适量。

海米玉片烧油菜

【做法】

1. 把蛋清用筷子搅开加适量精盐与淀粉，油菜切片，海米洗净控净水。

2. 锅内放猪油，加热至四成热时，把搅匀的蛋清液，用勺慢慢推入油内，使蛋清液成片，待浮起时捞出，控净油。

3. 另起锅放 30 克油，加热后，放入海米、油菜煸炒至油菜断生时，添适量鲜汤、蛋清片稍煨一下，用水淀粉拢芡，加味精，淋明油出锅装盘即成。

生菜大虾

【做法】

1．将大虾洗净，用剪子把虾尖、虾爪剪下，拿去沙线，除净泥沙洗净备用。

2．把生菜洗净，去根、去老叶，再用凉开水洗一次，控净水，切成 3 厘米长的段待用。

3．炒锅放在火上，加 25 克油，油热时下葱、姜炸锅，随即下大虾煎至两面表层略脆硬时，加醋、绍酒、葱段，添适量鲜汤，加白糖、精盐、味精，用旺火烧开，改用慢火蒸至汤汁稠浓时，将大虾用筷子夹起，摆入盘内，再将余汁加明油炒匀，浇在爆好的虾上，最后把生菜段摆放在盘内即成。

【材料】

带皮大虾 400 克，生菜 200 克，色拉油 50 克，白糖 100 克，绍酒 15 克，葱段、姜块、精盐、味精、醋各适量。

煎大马哈鱼

【做法】

1．大马哈鱼切成 8 厘米长、1 厘米厚的片装进盘里，用精盐、味精、姜沫、香油拌匀，腌 30 分钟。

2．把鸡蛋打入碗里，调匀成蛋汁。

3．芹菜去叶、根，取其梗用清水洗净，切成 3 厘米长的段，用开水焯八成熟捞出，用凉水投凉挤净水；芹菜、精盐、味精、香油放在一起拌匀，装在盘子的一端。

4．勺里放猪油，烧至七成热时，取腌过的大马哈鱼片先沾一层干面粉，再沾蛋汁，放进油里煎；全部下完后，两面都煎呈橘红色，鱼熟透后取出，装进盛芹菜的盘子里的另一端即可。

【材料】

大马哈鱼净肉 250 克，猪油、面粉各适量，嫩芹菜 150 克，鸡蛋 2 个，精盐、姜、香油、味精各适量。

小提示
鲜墨鱼不宜过熟，否则，韧而难吃。

豉椒鲜墨鱼

【材料】

切好的鲜墨鱼 150 克，辣椒 100 克，蒜茸、葱段各 10 克，豆豉泥 50 克，油、味料等适量。

【做法】

1. 将鲜汤、湿淀粉调为碗芡。

2. 将鲜墨鱼用滚水过一下，滤去水分。炒锅放油，待油烧至四成热时将鲜墨鱼放入油中炸熟，倒在筑篱里，滤去油，把锅放回炉上，将蒜茸、葱段、豆豉泥放在锅中爆香，加入辣椒，注入些清水，将墨鱼放入炒匀，把碗芡拨入，淋麻油装盘便成。

鱼香鲜贝

【材料】

净鲜贝 300 克，鸡蛋 2 个，生粉 120 克，泡辣椒 20 克，绍酒 20 克，白糖、醋、酱油、精盐、味精、葱、姜、蒜各适量，油 1000 克（实耗 60 克）。

【做法】

1. 鲜贝挤净水分，用适量精盐腌渍，鸡蛋打散，和生粉同放碗中，调成糊状。

2. 把白糖、醋、酱油、绍酒、精盐、味精和生粉放入碗中兑成汁，葱、姜、蒜切沫。

3. 锅中放油，烧温热，鲜贝放入蛋糊中拌匀，依次下锅炸熟，捞出，余油倒出，留少许，把泡辣椒、姜、蒜放锅中煸炒，待出香味，烹入兑好的汁炒熟，鲜贝下锅炒匀，放入葱沫，盛在盘中即可。

姜葱爆田鸡

【做法】

1. 田鸡买时叫老板帮忙宰杀处理好，洗净，斩件，加适量生抽、老抽、米酒腌约10分钟。

2. 姜、蒜、红椒切片，葱切段。

3. 锅内放适量油烧热，大火爆香姜片、蒜片、红椒、葱白段，放入田鸡爆炒，待田鸡肉变色后，加适量生抽、蚝油、糖、米酒兜匀，盖上锅盖焗片刻，揭开盖，撒上葱段炒匀，加适量盐、鸡精调味，勾个薄芡即可装碟上桌。

【材料】

田鸡，姜，葱，蒜，红椒（可不放），盐、生抽、老抽、蚝油、鸡精、广东米酒、糖、生粉各适量。

小贴士

田鸡肉一定要熟透才可食用。

蒜蓉蒸酿丝瓜

【材料】

丝瓜2根，五花肉、牛肉各150克，花菇2朵，姜蓉、蒜蓉、食盐、花生油、蚝油、生粉各适量。

【做法】

1. 将丝瓜刮皮，去少许瓤，切成长约1.5厘米的段，花菇浸发、去蒂、剁碎，五花肉、牛肉加生粉剁成肉沫。

2. 将肉沫放于碗中，加花菇碎、食盐、蚝油、姜蓉拌匀，分别酿入丝瓜段内。

3. 将蒜蓉均匀撒于酿丝瓜段外，淋上芡汁，入笼隔水蒸10分钟，取出浇上沸油即可。

松炸菜花

【做法】

1. 将菜花掰洗干净，切成小块，用开水烫至七成熟，投凉，控净水，放入碗里，加盐、味精、葱姜汁、麻油、花椒水腌5分钟后，沾一层面粉待用。

2. 将鸡蛋清抽打成蛋泡状，加淀粉、面粉拌匀成蛋泡糊；火腿切成沫。

3. 锅加油，上火烧至四成热，将菜花挂蛋泡糊，沾上火腿沫，放油中，炸透捞出装盘即成。

【材料】

净菜花250克，火腿20克，鸡蛋清4个，淀粉50克，面粉50克，猪油1000克，精盐、味精、葱姜汁、麻油、花椒水各适量。

...

焖南瓜

【材料】

南瓜1个，姜1小块，色拉油30克，清水150克，盐5克。

【做法】

1. 南瓜洗净，刮去一层外皮，切成寸斜方块，瓜子可以不必去掉，姜拍裂再切成小块。

2. 炒锅入油，爆香姜块，即入南瓜块翻炒1分钟，再入清水及盐，加盖焖煮10～15分钟，时间视瓜块大小厚薄而定，至瓜块软烂即可盛食。

舌尖上的四季菜

秋的菜

小瓜炒肉片

【做法】

1. 将瘦肉切片,加食盐、生粉、生抽拌匀略腌;西葫芦、红萝卜切片。

2. 起锅爆香蒜蓉,放入肉片猛火快炒,至七成熟,铲起待用。

3. 起锅爆香蒜蓉,放入小瓜片、红萝卜片猛火快炒,注入上汤,加入肉片,用食盐调味翻炒,勾芡加包尾油上碟。

【材料】

瘦肉100克,西葫芦1个,红萝卜1根,蒜蓉、食盐、生粉、生抽、上汤、花生油各适量。

海米葱烧菜花

【材料】

净菜花250克,海米30克,葱白100克,火腿5克,淀粉10克,猪油1000克,蒜片、姜汁、精盐、味精各适量。

【做法】

1. 菜花洗净掰成小朵,葱白切成4厘米长、1.5厘米宽的段,火腿切成小菱形片。

2. 锅内放猪油,加热至五成热,放入菜花、葱段、海米氽炸至熟控出油。

3. 另起锅放10克猪油,加热放入蒜片、鲜汤125克、姜汁、精盐、味精、火腿片,汤沸时用淀粉勾芡,放入菜花、海米、葱段,颠翻挂芡,淋明油出锅装盘。

香炒冬瓜丁

【做法】

1．油炸花生米去皮，莴笋去皮切丁，红椒，切丁，冬瓜去皮切丁，生姜去皮切小片。

2．锅内加水烧开，放入莴笋丁、冬瓜丁，用中火煮至快熟，泡入冷水待用。

3．另烧锅下油，待油热时放入姜片、红椒丁、莴笋丁、冬瓜丁翻炒几下，调入盐、味精、白糖，炒至入味，用水生粉勾芡，加入花生米炒匀，出锅入碟即成。

【材料】

油炸花生米 20 克，莴笋 50 克，红椒 1 个，冬瓜 50 克，生姜 10 克，花生油 15 克，盐 5 克，味精 5 克，白糖 2 克，水生粉适量。

木樨苗菜

【材料】

鸡蛋 2 个，蒜苗 200 克，色拉油 35 克，精盐、味精、姜沫、麻油各适量。

【做法】

1．把鸡蛋打入碗内，加入少量精盐、味精、姜沫搅匀；蒜苗择洗干净，切 3 厘米长的段。

2．锅放火上，倒入油 30 克，油温达八成热时，放蛋液，炒熟倒入盛皿内。

3．另用锅放适量油，加热放蒜苗，稍炒，随即放精盐适量，待蒜苗六成熟时，放入炒好的鸡蛋，再炒 30 秒钟，即可放味精，淋麻油颠翻几下出锅装盘。

百合栗子猪手汤

【材料】

猪手 1 只，百合 30 克，莲子 30 克，鲜栗子肉 200 克，盐少许。

【做法】

1．先将猪手刮洗干净，放入开水锅中煮片刻，捞起过冷水。

2．然后将百合、莲子分别用清水洗净，栗子肉用清水煲过，去衣。

3．然后将全部主料放入清水煲内，煲 2 小时，调味食用。

蝴蝶海参

【做法】

1．将水发海参冲洗干净，去净腹腔膜，从腹部竖划一刀（不要划断）切成蝴蝶形大片后，放入开水锅中烫一下，待锅边水沸起时捞出。

2．干贝瓣去老筋洗净，放入碗内，加料酒、鸡汤少许，上锅蒸烂取出。

3．冬笋、鲜蘑均切成薄片，葱、姜切成细沫，猪肥瘦肉切成 4 厘米长、2 厘米宽的片。

4．将蛋清、蛋黄分放在两个碗内，分别加入鸡汤、水淀粉和料酒、盐拌匀，先将蛋黄倒在蒸盘上，上锅蒸到定型时，再倒上蛋清继续蒸至熟，取出晾凉，切成蝴蝶形蛋糕片。

5．炒锅内加熟猪油烧热，放入葱姜沫煸炒出香味，再放入猪肉片、冬笋和鲜蘑片炒熟透，烹入料酒、白糖、酱油、盐，倒入鸡汤烧开后撇去浮沫，放入海参片、蛋糕片加热烧透。

6．最后加胡椒粉、味精调好味盛入汤盘即成。

【材料】

水发海参 800 克，干贝 25 克，冬笋 100 克，鲜蘑 50 克，猪肥瘦肉 150 克，鸡蛋 6 个，熟猪油 20 克，盐 6 克，酱油 10 克，料酒 25 克，味精 2 克，白糖 2 克，葱 15 克，姜 10 克，胡椒粉 1 克，水淀粉 10 克，鸡汤 800 克。

咕噜鸡球

【材料】

鸡腿肉 400 克，菠萝半个，蛋清少许，彩椒
2 个，姜 1 片，葱 2 段，食盐 5 克，白糖 3 克，
茄汁 5 克，橙汁 3 克，面粉 50 克，花生油
500 克。

【做法】

1. 将鸡腿肉切小件，加食盐腌 5 分钟，菠
萝切丁，彩椒切件。

2. 将蛋清和面粉搅匀成浓浆，放入鸡肉件
均匀挂浆；用七成油温炸至金黄，捞起沥干
油分。

3. 起锅爆香姜片、葱段、彩椒件，注入茄汁、
橙汁、清水，加食盐，白糖调匀；待汤沸勾芡；
放入鸡球、菠萝片拌匀即可。

豆瓣福寿鱼

【做法】

1. 将福寿鱼剖净，剞花纹，拍上生粉；红
椒切粒。

2. 起锅烧至六成油温，放入福寿鱼炸至熟，
捞起沥干油分。

3. 起锅爆香红椒粒、姜片、蒜蓉、豆瓣酱，
放入福寿鱼，注入上汤，用食盐、胡椒粉、
老抽调匀加盖煮 3 分钟。

4. 旺火收汁，用生粉勾芡上碟，撒上葱花、
香菜即可。

【材料】

福寿鱼 1 条，红椒 1 个，姜 3 片，葱花、
蒜蓉各少许，香菜适量，食盐 5 克，
胡椒粉少许，豆瓣酱 10 克，老抽 5 克，
上汤 100 克，生粉 10 克，花生油。

炖竹笙

【材料】

光鸡1只，胡萝卜片150克，竹笙100克，姜片、葱白、香菜各适量，盐、白糖各5克，绍酒15克，食用油15克。

【做法】

1. 光鸡煲成鸡浓汤待用，竹笙浸发好，洗净，挤干水分，起锅爆香姜片、葱白，放入胡萝卜片、竹笙炒香，淋入绍酒。

2. 注入鸡浓汤煮沸，倒入炖盅内炖1小时即可，吃时撒上香菜。

小技巧

1. 蚝油下锅时要炒制，不可在下入鲍鱼后加蚝油；

2. 要小火煨透，否则难以入味。

蚝油鲍鱼

【材料】

水发鲍鱼500克，蚝油50克，料酒15克，酱油3克，味精2克，鸡汤250克，白糖5克，熟猪油25克，水淀粉30克，葱15克，姜5克。

【做法】

1. 将鲍鱼切成兰花刀或多十字刀后，再切成块，放入沸水锅中焯一下，捞出沥干水分。

2. 炒锅置火上，加入熟猪油，烧至六成热时放入葱煸炒出香味，再放入蚝油略炒，加料酒、鸡汤、酱油、白糖炒匀，放入鲍鱼，烧开后用小火加热至汁浓、鲍鱼入味，加入味精，用旺火收浓卤汁，用水淀粉勾芡，淋上猪油即成。

冬菇扒茼蒿

【材料】

茼蒿 300 克，冬菇 50 克，植物油 20 克，大葱 5 克，大蒜 10 克，盐 2 克，香油 1 克，玉米淀粉 5 克，料酒 10 克。

【做法】

1. 将茼蒿洗净，切段，放入开水中焯一下，沥干，冬菇洗净，切小片。葱、蒜洗净，葱切段，蒜切片。

2. 锅中放油烧热至七成热，爆香葱段、蒜片，下冬菇翻炒。

3. 倒入料酒及少量水，放入茼蒿段煸炒至熟，加盐调好味。

4. 用水淀粉 10 克（淀粉 5 克加水）勾芡，淋入香油即可。

黑椒芦笋牛排

【材料】

牛里脊，洋葱，橄榄油，红酒，黑胡椒，牛油，芦笋，蘑菇，红黄彩椒各 1 个，盐。

【做法】

1. 牛里脊用刀背拍松，两面撒上黑胡椒和少许盐。

2. 芦笋去老根刮去外皮，洋葱切丝，彩椒切块，蘑菇切片。

3. 锅热放入少许橄榄油，放入洋葱丝，煸香。

4. 烧热锅放入牛里脊块，煎 1 分钟左右，烹入少许红酒翻面，盖盖焖一下迅速盛出（但是刚下锅时一定温度高一些，这样可以锁住汁水，煎到表面焦黄，放在盘子里备用）。

5. 取出牛排装盘，锅再放入少许黄油，将蔬菜煸香，盖盖焖一下锁住水分。

6. 蔬菜煸出焦黄即可出锅和牛排摆盘。

韭菜炒豆腐

【材料】

韭菜 200 克, 豆腐 200 克, 植物油 40 克, 精盐、鸡精、料酒、酱油、花椒油、葱沫、姜沫、蒜沫各适量。

【做法】

1. 将韭菜洗净, 切成段, 将豆腐切成长条, 待用。

2. 将植物油烧热, 放入葱沫、姜沫、蒜沫炒香, 再放入豆腐条煸炒, 放入精盐、料酒、酱油炒匀, 放入韭菜同炒, 放入花椒油、鸡精炒匀, 出锅装盘即成。

香浓酱排骨

【做法】

1. 把材料准备好, 锅洗净, 并注入清水, 大火煮开后, 加入洗净的排骨。

2. 大火煮至水沸腾, 把排骨里的污血逼出来, 捞出排骨, 并用清水冲洗干净。

3. 姜去皮切片, 蒜去皮, 葱洗干净切段或打结, 八角、香叶、桂皮洗净备用。

4. 电饭锅中注入适合的清水, 加入排骨和切好的姜、葱、蒜、八角、香叶、桂皮, 再加入冰糖, 盖上电饭煲盖, 按煮饭功能, 煮至水沸腾后加入豆瓣酱。

5. 用筷子搅拌均匀, 盖上电饭煲盖, 继续煮至收汁, 中途要用筷子搅拌一下, 以便更加入味和不粘底, 煮至收汁, 就可以调味上桌。

【材料】

排骨 500 克, 姜 2 片, 葱 2 根, 大蒜 2 瓣, 八角 2 个, 香叶 2 片, 桂皮 1 小块, 冰糖 15 克, 豆瓣酱 1 大匙。

小技巧

1. 煮排骨的汤汁一定要收完再装碟, 因为收汁后的排骨更加香浓入味;

2. 豆瓣酱本身已带有咸味, 一定要试过味再加盐。

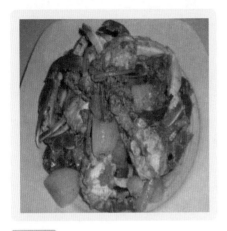

洋葱炒蟹

【做法】

1. 将蟹洗净，除异物，斩成块状，滤干水分，沾上生粉，放入沸油炸熟取出，滤干油分。

2. 起锅爆香洋葱、姜片，加入蟹炒均匀，放入调料，加盖煮4分钟至收汁。

3. 洒少许绍酒、麻油拌匀上碟。

【材料】

花蟹2只，洋葱1个，姜5片，盐5克，白糖3克，绍酒半汤匙，麻油少许，生粉5克，食用油10克。

金丝菠菜

【做法】

1. 将鸡蛋打入碗内，加入精盐、味精搅匀，摊成蛋皮，切成丝；菠菜洗净切成3.5厘米长的段。

2. 锅内放油加热，用葱姜丝炝锅，再放入菠菜炒几下，随之放蛋丝、精盐、味精炒好出锅即成。

【材料】

鸡蛋2个，菠菜250克，色拉油50克，葱姜丝、味精、精盐各适量。

萝卜松

【做法】

1. 将萝卜洗净去杂去皮切成细丝，撒上精盐拌匀腌一会，挤出水分待用。

2. 炒锅擦净放火上，倒色拉油加至六成热，放入挤出水分的萝卜丝，用慢火浸炸至七成干时捞出控净油，拌入各种调配料即成。

【材料】

萝卜500克，香菜梗5克，色拉油1500克，精盐、葱丝、蒜丝、白糖、味精、麻油各适量。

焖三文鱼头

【材料】

三文鱼头500克，水发香菇20克，冬笋、色拉油各50克，葱姜、蒜各25克，水淀粉、酱油、料酒、白糖各8克，精盐4克，胡椒粉2克，味精1克。

【做法】

1. 鱼头一分两半，收拾干净，香菇、冬笋、葱、姜、蒜切片。

2. 炒锅中放油烧热，香菇片、冬笋片、葱片、姜片、蒜片依次下锅，炒出香味，烹入料酒、酱油，加入适量开水，把鱼头、白糖、精盐、味精、胡椒粉依次放入，烧开转小火，待鱼头烧烂取出放盘中，水淀粉勾芡，收浓汤汁，浇在盘中即可。

醋烹武昌鱼

【做法】

1．将鱼去鳞、内脏，洗净，在鱼身两边剞上月花，加精盐、酱油、料酒腌渍约 20 分钟，加湿淀粉涂上一层薄糊。

2．锅中加植物油烧热、放入鱼炸至金黄色，捞出，控油。

3．锅中留油少许烧热，放葱花、蒜沫爆锅，烹入醋、料酒、酱油，放入鱼、少许水烧透即成。

【材料】

武昌鱼 1 条约 500 克，醋、葱花、蒜沫、酱油、精盐、料酒、植物油、湿淀粉各适量。

温馨提示

1．蛋黄可以分着直接吃掉，或者用来做玛格丽特小饼干；

2．肉糜内加点菌菇或其他蔬菜，营养更好，口感更清爽。

蛋白酿肉丸

【材料】

鸡蛋 5 个、猪肉馅 200 克、杏鲍菇 1 段、胡萝卜 1 小块、盐、蚝油、料酒、清汤、水淀粉、植物油各适量。

【做法】

1．将鸡蛋洗净，放入冷水锅中煮熟，捞出剥去蛋壳。

2．猪肉馅加入菇沫、胡萝卜沫、盐、蚝油、料酒、葱白，用筷子顺一个方向搅拌至肉馅上劲。

3．将鸡蛋切成两半，再将蛋黄取出留蛋白备用。

4．双手蘸少许水，将肉馅做成丸子，酿入鸡蛋白内。

5．放入蒸锅中蒸至肉馅熟嫩（约 8 分钟）后端出，锅内加适量清汤、盐烧开，再用水淀粉勾芡，淋在肉丸上即可。

鹿茸炖乌骨鸡

【材料】

乌骨鸡 250 克，鹿茸 10 克，桂圆肉 10 克，枸杞子 10 克，生姜 3 片，红枣 3 个。

【做法】

1. 先将乌骨鸡活宰，去毛、去内脏，取鲜嫩鸡肉洗净，切块，枸杞子、生姜洗净，红枣去核，洗净。

2. 然后将全部原料放入炖盅内，加开水适量，炖盅加盖，隔水文火炖 3 小时，调味供用。

【材料】

青鱼中段 400 克，白萝卜 200 克，淀粉 20 克，鲜汤 300 克，猪油 100 克，酒、酱油、白糖、味精、葱丁、姜沫、胡椒粉、米醋、麻油各适量。

萝卜醋鱼

【做法】

1. 将青鱼中段切成 4 厘米宽的条状；萝卜洗净去皮，切成 4 厘米长、1 厘米宽的条片，放开水中焯至半熟，捞出沥干水。

2. 将炒锅放旺火上加热，用油滑锅后倒出。倒入猪油加热，放鱼块略煎一下，晃动炒锅加入葱丁、姜沫再煎一会，放绍酒、酱油、白糖、味精、鲜汤、萝卜条烧开，加盖，改用小火烧 5 分钟左右，待鱼熟汤汁收浓时，再改用旺火，并用手勺轻轻推动几下，放入米醋，用水淀粉勾芡，淋明油翻锅，淋上麻油，撒上胡椒粉，装盘即成。

新三鲜

【材料】

大头菜 200 克，小尖椒 120 克，西红柿 80 克，猪肉 150 克，葱、姜各 8 克，白糖、蒜各 7 克，料酒 3 克，盐、味精各适量。

【做法】

1．把大头菜洗净切块，小尖椒切成滚刀块，把西红柿切成 3～5 毫米的片，猪肉、葱、姜、蒜各切片。

2．先放猪肉片，在油锅内炒，然后放葱、姜丝、尖椒、大头菜炒至变软时，再放盐、白糖、料酒，下西红柿炒，最后放入味精和蒜片即好。

糖熘土豆丸子

【材料】

土豆泥 200 克，鸡蛋黄 1 个，淀粉 50 克，植物油 1250 克，糖 100 克，味精、精盐、葱丁、蒜片、姜沫各适量。

【做法】

1．将土豆泥用味精、精盐、蛋黄、干淀粉、适量水调拌均匀。

2．炒勺内放油，加至六成热时将调好的土豆泥逐个挤成直径 2 厘米的丸子，放油中炸好捞出。

3．另用炒勺放 25 克油，加热后投入葱丁、蒜片、姜沫炒几下，再倒入清水 150 克，随之放入糖、味精、精盐，汤沸至有些浓稠时，放入炸好的丸子稍煮一会儿，即可用淀粉拢芡，点明油出勺装盘。

【材料】

嫩香椿1小把，鸡蛋1个，盐，玉米油，花椒盐，清水，面适量。

炸香椿鱼儿

【做法】

1．购买香椿挑选鲜嫩、短小为佳。买回来的香椿要尽快食用，在清水里面清洗干净。去除根部，如果香椿稍长可以从中间斩断，小棵的话可以省略。

2．烧开水，把去了根部的香椿放到沸水中焯烫1分钟即可捞出。

3．将1个全蛋打散，放入面粉，根据自己想要的量来添加，面多少决定最后糊的多少，慢慢地兑入适量的清水，搅拌成粘稠的面糊即可，可以挂在香椿上的稠度，不要太稀，太稀就挂不上浆了。

4．面糊撒入适量的盐调味。把焯烫好的香椿分批次的放入面糊中。

5．锅中倒入适量的油，约五成热的时候即可炸制，发起后变微微黄色即可盛出，出锅后可以撒上喜欢的花椒盐来增味。建议趁热食用味道更好。

第二节 秋季常用营养汤

一、喝汤说汤 汤菜健康

常言道"饭前一口汤，开胃又健康"。喝汤对于饮食的搭配和胃口的舒展有很好的补益作用。同时，汤也是饭桌菜肴必不可少的组成部分，"无汤难成菜，无菜不用汤"，说明了汤在饭桌上的重要性。

汤分为很多种，有肉汤、禽蛋汤、水产汤、蔬菜汤、食用菌汤等，这是从材质上分的；从口味上分，有酸辣汤、清淡汤、酸甜汤、香甜汤和海鲜汤等。

营养学家调查显示，汤菜位居各类菜肴首位，十个人中就有九个人喜欢喝汤。汤菜除含有碳水化合物、脂类外，还含有蛋白质。这三种成分均可为人体提供所需要的能量，对于那些每日饮水量不足的人来说，喝汤可以补充人体必不可少的水分。另外，汤菜中的膳食纤维也很丰富。膳食纤维对增强人体肠胃消化功能很重要。所以说，喝汤还是防治便秘的好方法。还有，汤菜中维生素、矿物质以及微量元素的含量也十分丰富。

多种维生素在光和热的作用下极易分解。像维生素这样很脆弱的营养素很多。所以，制作营养价值的汤菜首先要选择新鲜蔬菜。例如，青菜采摘下来后，它的营养素就开始减少。如果保管和加工不善，24小时之后维生素C的含量就减少40%～90%。为了尽量减少这一损失，应不要在清洗时将蔬菜长时间地浸泡在水中，煮汤的过程也是越短越好。煮出的菜叶应该留在汤内，因为这种菜叶中含有大部分的微量元素、矿物质和维生素。

对于正在节食减肥的人，喝汤是最好的方法之一。研究证明：在餐前喝一碗汤可以改善饮食行为，会使人产生一种饱胀感，而食用同等热量的其他食物则不会有这种效果。

不同汤类的养生保健效果：

菠菜汤： 适合各类人食用，能有效给人体提供镁、铁、钾、钙等营养元素和维生素C等，为人体补充丰富营养。

鱼汤： 烧伤、外伤和身体虚弱的人最适宜喝鱼汤。鱼汤中富含蛋白质、脂肪，对上述病人极为有益。鱼汤中还有一种特殊的脂肪酸有抗炎作用，可以阻止呼吸道发炎，并能防止哮喘病的发作，对儿童哮喘病改善的效果更为明显。

骨头汤： 老年人最适宜喝骨头汤。骨头汤中含有骨胶原和钙等成分，具有促进毛发生长、延缓骨骼老化的功效。肉骨头汤是国际上公认的最佳保健品之一。因为人随着年龄的增长，骨髓会开始老化，免疫力下降，而肉骨头汤中含有相当高的骨胶原蛋白成分。这种骨胶原特殊物质的多少是决定骨髓功能强弱的主要因素，骨髓能力强，就能很好地抵抗感冒病毒等疾病的侵袭。

绿豆汤： 绿豆汤具有清热解毒，解渴防暑的功效，是盛夏季节汤中佳品。

米汤： 米汤可治疗小儿腹泻脱水。

鸡汤： 配放大蒜、辣椒的鸡汤，对于伤风感冒有很好的辅助疗效。鸡汤特别是母鸡汤中的特殊营养可加快咽喉部和气管黏膜的血液循环。可增强黏液分泌，及时清除呼吸道病毒，对感冒、支气管炎等疾病有独特的防治效果。

海带汤： 海带汤中含有大量的碘。人体甲状腺具有产热效用，而碘有助于甲状腺素的合成。适当多喝海带汤，可促进人体的新陈代谢。

菌菇汤： 食用菌等菌菇类食品入汤，不仅营养丰富，许多还含有抗癌防癌物质，可促进机体产生干扰素，增强免疫功能。如银耳能有效地清补肺阴，滋液治痨咳。香菇不仅味美，还是缺铁性贫血、小儿佝偻病和高血脂病人的理想食品。另外，香菇还能增强人体对感冒、流感的免疫力，有效防止感冒发生，阻挠干扰病毒和癌细胞生长。平菇能降低血脂，可用于肝炎、肾炎、胃溃疡的辅助治疗。

二、做好汤的秘诀

掌握好做好汤的十八个章法秘诀，保你做出一锅营养健康的香汤。

（1）选料要新鲜。动植物性原料是做汤的主要原料。在原料的选取上，新鲜是第一守则。鱼类或者禽畜等肉制品，杀死一段时间后再烹制，营养效果更好。因为此时各种酶使其蛋白质、脂肪等分解为氨基酸、脂肪酸等人体易于吸收的物质，不但营养最丰富，味道也最好。

（2）某些动物原料冷水下锅。富含蛋白质的动物原料，要坚持冷水下锅的原则。否则如果水沸后下锅，蛋白质就会骤然受高温而产生热变性凝固，使其表面的细胞孔隙闭合，细胞的营养物质就不能充分地溶解到汤里，汤汁也就缺乏浓郁鲜美的味道。所以，原料下锅需用冷水。

（3）中途不能添加冷水。熬汤时冷水要一次性加足，若中途添加冷水，会使汤汁的温度骤然下降，破坏了原料与水共热的均衡状态，使可溶性成分扩散的速度减慢；而且原料外部的蛋白质易产生凝固变性，细胞孔隙闭合，影响了营养物质溶出，使汤的鲜味减弱。

（4）掌握火候是关键。不同的汤对于火候的要求也有差别。一般大火烧开，去腥膻味；中小火烧透入味，以使蛋白质溶解为氨基酸，鲜味醇厚。如在制作白汤菜时，要先用旺火烧开后改为中火，防止火力过大而煳底，产生不良气味。在制作清汤菜时，则应中火烧开，撇去浮沫，小火微开，保持汤汁清澈。

（5）调味品投放要适度。一是不要先放盐。食盐具有渗透作用，会使原料中水分排出，导致蛋白质凝固，鲜味不足。所以熬汤时不宜先放盐。二是调味品要适度。味精、香油、胡椒、姜、葱、蒜等调味品用量不宜太多，以免影响汤的原味。三是酱油不要放入太多。以免影响汤的鲜味，也容易使汤的颜色变暗发黑。

（6）氽类汤菜选料要鲜嫩脆滑。氽类汤菜要选取鲜嫩脆滑的原料。原料的加工，片、丝要厚薄、粗细、大小一致，确保成熟均匀；火力要大，汤要开，口味要清淡。

（7）涮类汤菜的火力、加工和调味诀窍多。涮类汤菜的原料多以动物性原料为主，如羊肉、牛肉、猪肉、鱼、虾等；原料加工后的片要薄而均匀；火力宜用中火，过大则煳底，汤干；调味料要求去腥解腻，丰富多样，如辣油、辣酱、腐乳、豆豉、蚝油、虾油、醋、姜丝、蒜泥等。

（8）炖类汤菜要选用质地较老，富含蛋白质的原料。适合用于炖类汤菜原料的如鸡、甲鱼等，要经开水烫去血污、洗净，再正式加热成熟；调料，汤水用量要准，一次性放足。要先用旺火烧开，撇去浮沫后，再加盖用小火炖至成熟。

（9）蒸类汤菜应选用韧性强、不太易煮烂的原料。适合蒸类汤菜的原料如海参、鱼翅、鸡鸭、银耳等，蒸时水量要足，火力要适当，以免蒸汽冲力过猛导致原料起蜂窝孔，质老色变，图案形态被破坏。

（10）煮类汤菜宜选用新鲜、少腥膻、蛋白质丰富、老韧的原料。原料要经开水烫熟或过油等步骤处理；加汤要一次性准确，并正确掌握火候，需要汤清则用小火，长时间加热；需要汤浓则用旺火沸腾；一般以盐、味精或少量糖调味，口味以鲜咸为主。如煮干丝等。

（11）焖类汤菜原料要经油炸或焯水等熟处理。可去异味、增香味。大火烧开，撇去浮沫盖上锅盖，用小火焖制，使汤内材料酥烂、味浓，不失其形。

（12）鸡汤原料下锅有区别。新鲜的鸡做汤，应在水烧沸后下锅；用腌入味的鸡做汤，可温水下锅；用冷冻的鸡做汤，则应冷水下锅。这样才能使肉、汤鲜美可口。

（13）做鱼汤时，将鱼沸水下锅，快出锅时放入适量牛奶，可使鱼肉白嫩，汤鲜无腥味。

（14）做骨头汤时，先将浸泡骨肉的血水入锅煮沸，撇去浮沫，汤汁鲜美味浓。

（15）骨肉汤不宜煮炖过久。好多人认为骨头汤煮的越久，味道就越鲜美，营养就越丰富，其实不然。煮汤的温度无论多高，骨骼内的钙质也不会溶化分解，反而会对骨头内的蛋白质造成破坏。正确的方法是，炖汤之前，先将洗净的骨头砸开，然后放入冷水，冷水一次性加足，并慢慢加温，在水烧开后可适量加醋，醋能使骨头里的磷、钙溶解到汤内。

（16）汤不慎煮咸了，可以用干净小布袋装上面粉或大米，扎口，放入汤中煮一下，可以吸收掉一部分盐分，汤的咸度就会降低，味道也不会改变。若是往汤里加水，会影响到汤的鲜味。

（17）煮汤宜用小火慢煮，让锅内汤水保持在小开或半开状态，才能使原料中的营养成分充分释放，才能熬出汤清味鲜的好汤。

（18）制鲜汤宜选陈年瓦罐。陈年瓦罐煨煮鲜汤的效果最佳。瓦罐的散热性缓慢、通气性好、传热均匀，具有很好的吸附性，能够有效地把外界热度均匀持久地传给瓦罐内的汤料。平衡稳定的温度，对于水分子和食物的互相渗透很有益处。水分子和食品相互渗透的时间越长，食品内的鲜香成分就能更大限度地渗出，原料也会更加软烂，汤的滋味也会更加鲜醇。

三、喝汤的学问

（1）喝汤要掌握营养均衡，口味多变；酸甜咸辣，常换常新。

晨起喝肉汤最佳。肉汤中富含蛋白质和脂肪，在体内消化吸收可维持 3～5 个小时，能使人精力旺盛。

晚餐不宜喝汤太多，否则频频夜尿睡不安稳。

身体肥胖者，餐前先喝总进食量 1/3 的蔬菜汤，既可满足食欲，又有利减肥。

体形瘦弱者餐后多喝点高糖、高蛋白质的汤，则有利增强体质。

孕产哺乳期妇女、儿童和老人，应经常喝一些骨类汤，是补钙的好方法。

（2）汤里营养永远只占材质的一部分。好多人喝汤有一个误区，就是所有原料的营养都会聚在汤里面了，所以只喝汤，不吃稠的。营养专家提醒"饮汤一族"：汤菜无论炖煮时间多长，肉类等材质的营养，也不会完全溶解在汤内，汤里营养永远只占材质的一部分，所以，喝汤之后还要吃肉。一些药膳汤类，中药药材的味道比较怪异。常言道良药苦口，正是这种口味怪异的中药材，富含了大量的药用价值和营养价值，所以要一起食用。

（3）火锅汤没有营养，喝而无益。火锅汤经过长时间的反复煮沸，产生了无益健康的有害物质；里面的多种原料，比如羊肉、肥牛、海鲜、蔬菜和豆制品等食物在沸水内长时间的互相煮沸，产生了对身体无益的化学物质。所以最好不要喝火锅汤。

（4）汤菜泡饭影响消化。有许多人习惯用汤泡米饭一起食用，且认为这样营养多。殊不知，汤泡米饭这种习惯一旦养成，会使人自身的消化功能减退，甚至导致胃病。因为人体在消化食物时，需咀嚼较长时间，唾液分泌量也较多，这样有利于润滑和吞咽食物；汤与饭混在一起吃，食物在口腔中没有被嚼烂，就与汤一道进了胃里，不仅使人"食不知味"，而且舌头上的味蕾没有得到充分刺激。胃产生的消化液不多，并且还被汤冲淡，吃下去的食物不能得到很好地消化吸收，时间长了会导致胃病。

（5）喝过烫的汤容易致癌。有些人喜欢喝烫汤，而且越烫越好，其实是不正确的。营养学提醒：不能喝滚烫的汤，50℃以下的汤更适宜饮用。汤液温度超过60℃，就超过了人体口腔、食道、胃黏膜所承受的最高温度，会导致粘膜被烫伤。人体粘膜尽管有烫后自行修复的功能，但是反复烫伤容易导致消化道粘膜细胞恶变，从而诱发食道癌。经调查，喜烫食者食道癌发病率高。

（6）饭后喝汤有损健康。常言道"饭前一碗汤，开胃又健康"，说明了饭前喝汤的重要性。但是，有些人喜欢饭后喝汤，这是一个不好的习惯，有损于人体健康，常言道"饭后喝汤，越喝越胖"。饭后喝汤会冲淡胃液，影响食物的消化吸收。饭前喝汤可以很好地润滑食道和口腔，使得干硬食品有很好的通过性，减少对消化道粘膜的刺激，并且起到开胃和促进消化腺分泌的作用。

四、常用的营养健康汤

鸡肝韭黄汤

【材料】

鸡肝 4 个，腐竹 150 克，韭黄 50 克，高汤、姜丝、黄酒、水淀粉，生抽、盐、鸡精、香油各适量。

【做法】

鸡肝洗净，去筋切成片，加入姜丝、黄酒、淀粉、生抽抓匀腌渍。腐竹洗净用温水泡后挤去水分切成寸段；韭黄摘去老根洗净，切成寸段备用。沙锅内倒入高汤，大火烧开后放入腐竹，大火煮开转小火将腐竹煮熟后下入鸡肝，用筷子快速打散断生后，放入韭黄段，加入适量的盐和鸡精，淋上香油即可。

营养丰富，口味鲜嫩，是家庭食养佳品。

菠粉肉片汤

【材料】

菠菜 150 克，粉丝 50 克，瘦猪肉 50 克，鸡蛋 1 个，高汤、水淀粉、黄酒、盐、鸡精、香油和葱各适量。

【做法】

将菠菜摘根洗净，焯水过凉，沥干后切成段；粉丝用温水泡软；鸡蛋磕入碗中剔除蛋黄；瘦猪肉洗净切片，放入蛋清碗中，加水淀粉、黄酒抓匀腌渍备用；葱洗净切丝。锅内倒入高汤，大火烧开后放入粉丝、菠菜，加猪肉片用筷子迅速拨散，加入适量的盐和鸡精，淋入香油，撒上葱丝即可。

菠菜富含铁质，具有很高的营养价值。此汤能为人体提供多种营养物质。

荠菜豆腐汤

【材料】

荠菜 100 克，豆腐 200 克，食用油、葱花、高汤、盐、鸡精、水淀粉和香油各适量。

【做法】

将荠菜摘去老根黄叶，洗净沥干切成小段；豆腐洗净，切成小丁，焯水过凉备用。锅内倒油烧至六成热，放入葱花，煸炒片刻，倒入高汤大火烧开，放入豆腐、荠菜大火烧开滚片刻，加入适量的盐和鸡精，用水淀粉勾薄芡，淋上香油即可。

荠菜含有多种氨基酸、葡萄糖、蔗糖，豆腐蛋白质含量高，有助于提高人体免疫力。此汤味道甘鲜，营养丰富。早春时节的荠菜最好，如果自己去野外采集，要选离公路远的大田去采，这样的荠菜没有铅污染。

酸辣汤

【材料】

绿豆芽和豆腐各 100 克，胡萝卜 50 克，水发黑木耳 30 克，鸡蛋 1 个，盐、陈醋、酱油、胡椒粉、水淀粉、香油和清汤各适量。

【做法】

将绿豆芽摘根洗净沥干；豆腐切成条放入

盐水中焯水过凉；胡萝卜去皮洗净切丝，黑木耳去蒂洗净切成丝，鸡蛋磕入碗中搅拌均匀备用。倒入清汤，大火烧开后依次放入胡萝卜丝、绿豆芽、黑木耳丝、豆腐条，开锅后泼入蛋液，加盐、陈醋、酱油、胡椒粉，用水淀粉勾芡，淋上香油即可。

绿豆芽所含食物纤维，具有促进肠道蠕动的作用，帮助排除体内毒素。

莼菜虾仁汤

【材料】

莼菜和虾仁各100克，鸡蛋1个，香菜、高汤、水淀粉、料酒、盐、鸡精和香油各适量。

【做法】

将莼菜摘根洗净焯水过凉沥干；虾仁洗净摘除沙肠，抓入水淀粉、料酒拌匀；鸡蛋磕入碗中取出少量蛋清给虾仁上浆用，其余的蛋液搅拌均匀，摊成蛋皮，切丝；香菜摘根洗净，切成半寸段，备用。锅内倒入高汤，放入莼菜、蛋皮丝，大火烧开后放入虾仁，用筷子迅速打散，开锅后加入适量的盐和鸡精，用水淀粉勾薄芡，撒上香菜段，淋上香油即可。

莼菜是春季时令野菜，营养价值很高，搭配鸡蛋和虾仁食用，是家庭常用的健康营养菜肴。

银耳莲子汤

【材料】

银耳50克，莲子100克，枸杞20粒，水淀粉和冰糖各适量。

【做法】

银耳用温水泡发，摘除根蒂洗净撕开；莲子用温水泡软，抽去莲心；枸杞洗净用温水泡软，备用。沙锅内放入清水，加入银耳、莲子，大火烧开后转小火慢煨1小时后放入枸杞，继续煨半小时，用水淀粉勾薄芡，断火，加入冰糖即可。

银耳含有丰富的胶质、维生素、微量元素、多种氨基酸，能提高人体免疫力。

莲子心苦味较重，用于甜食宜抽去莲心，以免影响汤品的口感。

白菇汤

【材料】

茭白200克，草菇100克，油、姜片、黄酒、高汤、葱段、盐和鸡精各适量。

【做法】

茭白去皮洗净，切成斜圆片，焯水过凉；草菇洗净切片备用。锅内倒油烧至六成热，放入姜片煸香，再放草菇片煸炒片刻，烹入黄酒，倒入高汤大火烧开，下入茭白片、葱段和盐，开锅后加鸡精即可。

茭白性寒味甘，能利尿祛水，清暑止渴，还能缓解酒毒，保护肝脏。草菇含有大量氨基酸，能有效提高人体免疫力，有预防癌症的作用。

用罐头草菇时要用清水多浸泡一下，以清除残留的防腐剂。

绿豆海带汤

【材料】

绿豆 200 克，海带 50 克，莲子 30 克，白糖适量。

【做法】

绿豆洗净，在温水中浸泡两小时；海带洗净在温水中浸泡 40 分钟后切成小块；莲子在温开水中浸泡 1 小时，去除中间的莲子心。锅内加入适量清水，将浸泡好的绿豆、海带块、莲子一起用小火慢炖 1 小时，炖至绿豆及海带软烂，然后加入白糖调味即可。冰镇后食用，效果更佳。

此汤清热解毒，去暑去火。

鸡脚肉汤

【材料】

鲜鸡脚 10 只，精五花肉 200 克，玉竹、百合和芡实 50 克，黄酒、盐、鸡精和清汤各适量。

【做法】

将鸡脚洗净，剥去黄衣，斩去趾骨，斩开成两段，焯水捞出；五花肉洗净，放入滚水中煮至断生捞出，晾凉之后切成半寸长条；玉竹、百合、芡实用温水泡软备用。沙锅内放入适量清汤，大火烧开，放入鸡脚、五花肉、玉竹、芡实、黄酒，开锅后转小火慢煲 1 小时，放入百合再煲 30 分钟，加入盐和鸡精即可。

此汤菜大补，是居家营养佳肴。

鸡脚要洗净，外层黄衣要剥净，以去腥膻味道。鸡脚最好选用瘦细的土鸡脚，因为煲汤主要是选取鸡脚的营养和浓味。

菜骨汤

【材料】

腔骨 300 克，粉条 100 克，油菜心 300 克，黄酒、醋、盐、鸡精和清汤各适量。

【做法】

将腔骨洗净砍成几块，焯水过凉；油菜心洗净焯水过凉；粉条剪断用温水泡软备用。锅内倒适量清汤，放腔骨、黄酒、醋大火烧开，小火焖煮 1 小时，放粉条煮 5 分钟后，放入油菜心，加入适量的盐和鸡精即可。

此汤具有开胃消食、健骨补钙的功效。

骨头里含有大量钙质，煮食时加适量的醋，可以促进钙质分解到汤中。

豆芽海带汤

【材料】

黄豆芽 200 克，水发海带 200 克，香菜、食用油、葱段、姜片、黄酒、盐、鸡精、胡椒粉和清汤各适量。

【做法】

将黄豆芽摘根洗净焯水过凉；海带洗净切丝焯水煮熟过凉沥干；香菜摘根洗净切成小段备用。锅内倒油烧至六成热，放入葱段、姜片煸香，倒入清汤，大火烧开后放入黄豆芽、海带丝，开锅后加入适量的盐、鸡精和胡椒粉即可。

黄豆芽含有植物蛋白和长纤维，除了能补充人体需要的蛋白质以外，还能提供大量的膳食纤维，经常食用可以帮助清理肠胃，促进大肠蠕动，有助于消化和体内毒素的排出。

猪芋汤

【材料】

猪尾 300 克，芋头 200 克，怀山药 20 克，红枣 6 颗，葱段、姜片、黄酒、盐、鸡精和清汤各适量。

【做法】

将猪尾拔除杂毛，刮净油腻洗净，斩成寸段，焯水过凉沥干；芋头洗净去皮，切成滚刀块；怀山药、红枣洗净备用。锅内倒适量清汤，放猪尾、怀山药、红枣、葱段、姜片、黄酒，大火烧开，改小火煲 1 小时，放芋头，小火煲半小时，加入适量的盐和鸡精即可。此汤有滋补肾阴之功效，体虚肾亏者可多食用。既可助肾阳，亦适合于皮肤粗糙者，对冬季经常出现的皮肤干燥也有一定效果。

榨菜肉丝汤

【材料】

猪瘦肉 250 克，榨菜 200 克，盐 2 克，味精 1 克，葱丝 5 克，香油少许。

【做法】

猪瘦肉洗净，切成丝。榨菜洗净，切成丝。炒锅上火，加入清水适量烧沸，放入肉丝，待肉丝变白色时，用漏勺捞出装入汤碗，撇去汤中浮沫，放入榨菜丝、盐、味精、葱丝，稍煮后也装入汤碗内，淋入香油即成。此汤开胃爽口，对中暑、头晕病症有一定的食疗作用。

榨菜味咸，所以要少放盐。

薏米鸡肉汤

【材料】

仔鸡 1 只（约 250 克），薏米 50 克，盐、味精、料酒、胡椒粉、葱、生姜各适量。

【做法】

鸡净毛去内脏剁鸡爪，洗净，入沸水锅中焯净血水，再用清水洗净。薏米清水浸泡淘洗干净，备用。葱洗净切段，生姜洗净切片，备用。锅中加入清水适量，放入鸡、薏米、姜片、葱段、料酒，旺火开锅后撇去浮沫，煮至七八成熟后加入盐，改用小火煮至鸡肉熟烂。将姜片和葱段拣去，放入味精和胡椒粉调味即可。

经常食用此汤，具有补益脾胃、防癌健身的功效。

鸡肉要用开水焯净血水和腥臊，再用清水洗净，否则汤汁会有腥味。煮汤不宜放盐过早。

地胆肉汤

【材料】

地胆头 25 克，猪瘦肉 250 克，精盐、香油适量。

【做法】

地胆头择洗干净备用。猪瘦肉洗净，切成小块，用沸水焯一下。猪瘦肉放入沙锅内，加入适量清水，用大火烧沸，用小火煮至肉烂，地胆头煮片刻，加盐调味，淋入香油即成。

此汤有清热解毒、凉血利尿的功效，是夏季解暑的保健佳品。

地胆头为菊科植物，是我国东南、西南部各省区常见植物，南方地区常用来做菜和做汤；用量不宜过大，否则影响汤味。

兔肉苦瓜汤

【材料】

苦瓜 200 克，兔肉 250 克，盐、味精、水淀粉、葱、蒜各适量。

【做法】

苦瓜洗净，剖成两半，去瓤，切成片。兔肉洗净，切成片，用适量水淀粉拌匀上浆。

苦瓜放入锅内，加水适量，大火烧沸。改用小火煮 5 分钟后，加入兔肉、盐、葱、蒜煮至肉熟，放入味精即成。

此汤有清暑泄热、益气生津的功效，是夏季的营养保健佳品。

苦瓜切片不宜过薄；兔肉上浆不宜过厚，兔肉下锅时火要大，水要开，否则脱浆。

菠菜豆腐汤

【材料】

菠菜叶 30 克，鲜鸡血 50 克，豆腐 50 克，鸡蛋清 2 个，高汤 750 克，水淀粉、盐、味精、葱花、麻油各适量。

【做法】

水淀粉与鸡血拌和均匀，然后上铛摊成薄片，再切成条。豆腐切成长条，挂蛋清糊后，放在铛上烙一下，使蛋清凝固在豆腐条上；将菠菜叶洗净备用。锅内放入高汤，上火烧沸，撇去浮沫，再放入菠菜叶，开锅后放入鸡血条，待汤滚开，放入豆腐条再次

开锅后，加盐、味精、葱花调味，出锅后淋上香油即成。

此汤具有补血、补虚的功效，是家庭保健汤品。

鸡血条、豆腐条切得不宜过细和过长，否则易断；煮汤时火不要过大，小火微开即可。

莲鱼汤

【材料】

莲藕和章鱼各 250 克。盐、香油各适量。

【做法】

莲藕洗净，切成片。章鱼加工整理，洗净，切成小块。先将莲藕放入沙锅内，加入适量清水，上火煮至断生，再放入章鱼，煮至熟，加盐调味，淋上香油即可。

此汤有清血热、降肝火的功效，对高血压症有一定的食疗作用。

莲藕切成半圆片，易熟、易入味。此汤口味以清鲜为主。

乌鱼汤

【材料】

乌鱼 1 条（约 300 克），冬瓜 300 克，鸡汤 1000 克，盐、胡椒粉、料酒、葱段、姜片、植物油各适量。

【做法】

冬瓜去皮，去瓤，洗净，切成片。乌鱼去鳃，去内脏，切成数段，洗净备用。锅上火，加适量油烧热，将乌鱼段放入稍煎，再放入冬瓜片略炒，然后加入鸡汤、葱段、姜片、料酒，烧沸后加入盐，煮至鱼肉熟烂，捞去

葱、姜不用，加胡椒粉调味即可。

此汤有补脾的功效，对夏季乏力头晕、精神欠佳等有改善作用。

煎鱼时要用热锅凉油，以防粘锅；煮汤时火不宜过大，小火即可。

菠菜土豆汤

【材料】

嫩菠菜 500 克，土豆 250 克，清汤 1000 克，牛奶 500 克，盐、胡椒粉、葱白、黄油、香叶各适量。

【做法】

菠菜放沸水锅内烫熟捞出，控去水分，剁成泥。葱白切成小方丁；将土豆削皮洗净，切成 5 毫米见方的丁；将清汤和牛奶分别烧沸备用。锅内放入黄油烧热，加入葱白丁和香叶。小火焖 2 分钟，再加入盐、胡椒粉调匀，倒入菠菜泥和鸡汤、牛奶，加入土豆丁煮熟，捞出香叶即可。

此汤具有养阴润肺、润肠通便的保健作用。烫煮菠菜要熟透，剁时要细烂；煮汤宜用小火。

第三节 食物的五色及四性五味

一、五色

所谓食物的五色，即为青、赤、黄、白、黑五种颜色，而五色分别对五脏有不同的作用。各个脏肺之间互相关联，相生相克，如肝太旺伤脾、脾太旺伤肾、肾太旺伤心、心太旺伤肺、肺太旺伤肝。所以我们在日常饮食中不能偏食某一色，要均衡摄取，即午餐多吃青、白，晚餐多吃赤、黄、黑，这样可以使五脏都能得到营养。

从营养的角度说五色食物，单从蔬菜来看，青色蔬菜中一般富含胡萝卜素、白色蔬菜中富含黄酮素、黑色蔬菜中则富含铁，等等。

从对身体的作用方面来看：

赤色蔬菜，可提高心脏之气，补血、生血、活血，如辣椒等；

青色蔬菜，可提高肝脏之气，排毒解毒，如菠菜、青椒等；

黄色蔬菜，可提高脾脏之气，增强脏肝功能、促进新陈代谢，如韭黄、胡萝卜等；

白色蔬菜，可提高肺脏之气，清热解毒、润肺化痰，如大白菜、白萝卜、银耳等；

黑色蔬菜，可提高肾脏之气，能润肤、美容、乌发，如木耳、香菇、海带等。

二、四性五味

我国古代就有"药食同源"之说，许多食物即药物，它们之间并无绝对的分界线，古代医学家将中药的"四性"、"五味"理论运用到食物之中，认为每种食物也具有"四性"、"五味"。"四性"又称为四气，即寒、热、温、凉，"五味"即辛、甘、酸、苦、咸。

每种食物都有不同的"性味"，应把"性"和"味"结合起来，才能准确分析食物的功效。如有的食物，同为甘性，有甘寒、甘凉、甘温之分，如姜、葱、蒜。因此不能将食物的"性"与"味"孤立起来，否则食之不当。如莲子味甘微苦，有健脾、养心、安神的作用；苦瓜性寒、味苦，可清心火，是热性病患者的理想食品。

辛味：宣散，能行气、通血脉，促进胃肠蠕动，增强消化液分泌，提高淀粉酶的活性，促进血液循环和新陈代谢，可祛风寒、通经络。外感风寒者宜食用辛辣的生姜、葱白、紫苏等；对因寒凝气滞而致的胃痛、腹痛、痛经，宜吃辣椒、茴香、砂仁、桂皮等行气、散寒、止痛等。

甘味：有补益强壮的作用，能消除肌肉紧张，但吃甜食过多易发胖，是心血管疾病和动脉硬化的诱因。

酸味：收敛、固涩，能增进食欲、健脾开胃、增强肝脏功能，提高钙、磷的吸收率。但过于嗜酸会导致消化功能紊乱。

苦味：清泄，如苦瓜味苦、性寒，佐餐可收到清热、明目、解毒、泻火之效，适宜中暑、目赤、疮疡、疔肿者食用。茶叶苦甘而凉，有清泄之功，清利头目、除烦止渴、消食化痰。

咸味：软坚散结、润下，如海带有软坚化痰的作用。

"五味入口，各有所归"，中医五行中的五色、五味与五脏六腑相对应："酸入肝，辛入肺，苦入心，咸入肾，甘入脾"，这也反映了五味学说与食物归经理论的联系。例如：

肺虚咳嗽，中医往往建议病人吃些百合、山药、白果、燕窝、银耳等，因为皆入肺经，能养肺、补肺、润肺。

肾虚腰痛、腰酸，则常劝其食栗子、核桃、芝麻、山药、桑葚、枸杞子、杜仲，因为它们入肾经，可补肾壮腰，这就是食物归经理论的实际应用。

但因人体心、脾、肾各脏腑间的关系十分复杂，上述不同食物也可以辨证使用。如寒性食物，虽同样有清热功能，但适应范围不同，或偏于清肝热，或偏于清肺热，各有所专。同为补益之物，也有补肺、补脾、补肾等不同。同为清热泻火的食物，有的清肺热、有的清心火、有的清肝热。如梨、香蕉、柿子、桑葚、芹菜、莲心、猕猴桃均为寒凉食物，而梨、柿子偏于清肺热；香蕉偏于清大肠热；桑葚偏于清肝虚之热；芹菜则偏于清肝火；莲心偏于清心热；猕猴桃偏于清肾虚膀胱热；原因就在于各种食物归经不同。同为有补益功能的食物，如龙眼肉、柏子仁、小麦则入心经补心，养心安神，心悸失眠者宜之；山药、扁豆、糯米、粳米、大枣入脾胃经，健脾养胃，故脾虚便溏者宜之。食物同药物一样，也有一味食物可归两经或三经。如山药归肺、脾和肾经；桑葚归肝和肾经；莲子归心、脾、肾三经等。

（1）酸味食物（酸入肝）。酸味食物可收敛固涩、增进食欲、健脾开胃。

如米醋可消淤解毒；乌梅可生津止渴、敛肺止咳；山楂可健胃消食；木瓜可平肝和胃；等等。

（2）**苦味食物（苦入心）。**苦味食物去燥湿、清热、泻火。如苦瓜可清热、解毒、明目；杏仁可宣肺止咳、润肠通便；枇杷叶可清肺和胃、降气解暑；茶叶可强心、利尿、清神志。

（3）**甘味食物（甘入脾）。**甘味食物有补养、缓和痉挛、调和性味之功。如白糖可助脾、润肺、生津；红糖可活血化淤；冰糖可化痰止咳；蜂蜜可和脾养胃、清热解毒；大枣可补脾益阴。

（4）**辛味食物（辛入肺）。**辛味食物能祛风散寒、舒筋活血、行气止痛。如姜可发汗解表、健胃进食；胡椒可暖肠胃，除寒湿；韭菜可行淤散滞、温中利气；葱可发表解寒。

（5）**咸味食物（咸入肾）。**咸味食物能软坚散结、滋润潜降。如食盐可清热解毒、涌吐、凉血；海带可软坚化痰，利水泻热；海蜇可清热润肠。

三、水果的四性五味

1. 四性

寒性水果：西瓜、柿子、香蕉、椰子、香瓜、草莓、杧果、橙、梨、猕猴桃、柚子、栗子。

凉性水果：草莓、枇杷、山竹等。适宜温热性体质、热性症状者。寒凉性水果可清热降火气，使人体能量代谢率降低，让热量下降。

温性水果：龙眼、桃子、荔枝、金橘、红枣、橘子、水蜜桃、樱桃、李子、松子等。

热性水果：红枣、榴莲等。适宜寒凉性体质、寒性症状者。温热性水果可以驱寒、补虚，消除寒症，使人体的能量代谢率提高，增加人体热量。

另外，还有平性水果：可开胃健脾、补虚，容易消化，其性质平和，适合于各种体质的人食用，如木瓜、橄榄、葡萄、柠檬、菠萝、苹果等。

2. 五味

甘味：甘味有滋养、补虚、止痛、调和性味，缓解痉挛，补养身体的功效，对应器官为脾。但食用太多也会导致发胖。如龙眼、荔枝、香蕉等。

酸味：酸味有收敛止汗、开胃生津、助消化的功效。对应器官为肝，过多食用会损伤筋骨，如柠檬、橙子、梅子等。

咸味：咸味有润肠通便、消肿解毒的功效。对应器官为肾。但过多食用会导致高血压。

苦味：苦味有清热、降火、解毒、除烦的功效。对应器官为心。过多食用容易消化不良，胃病患者尤应注意。如橄榄等。

辛味：辛味能补气活血、祛风散寒，舒筋活血，行气止痛。对应器官为肺。过多食用会耗损气力、损伤津液、升火等。

一般来说，辛入肺，甘入脾，酸入肝，苦入心，咸入肾。肝病忌辛味，肺病忌苦味，心肾病忌咸味，脾胃病忌甘酸。不同人要根据自己不同的体质，选择最适合自己能对自身体质起到改善作用的水果，就能起到强化免疫力、增强自身抗病能力的养生效果。

一、秋季饮食法则

夏去秋来，气温由烦热逐渐变得清爽，所谓"秋高气爽"。气温的变低，使得人们食欲增加，消化能力提高。在饮食上，秋天是弥补炎热夏季因为胃口变差而导致营养不足的最好时节。秋天又是收获的季节，各种应时食品纷纷上市、瓜果蔬菜种类齐全数量繁多，动物的肉质也变得干肥味美。正因如此，面对超强的胃口和食欲，面对丰富的应时食品，更要坚持科学的进食食补原则，才能有益身体健康。

总而言之，秋季的特点是由热转寒、阴长阳消，在食补保健上，要坚持益气润燥为原则，以补益肝脏、强健脾胃和清益肺部为主要内容。饮食要以清润甘酸为准，寒凉搭配得当。

1. 刚入秋天，保养脾胃

秋季虽然干燥风大，但是立秋刚刚开始之时，盛夏的高温还在延续，温度高湿度大，人们不会马上感到秋燥和秋凉，依旧感到潮热、湿热和闷热。再加上盛夏季节人们多清淡多冷食，脾胃功能比较弱。所以这个时候不宜进行大补，要少吃或者不吃滋腻的养阴食品，如鹿角胶、阿胶等，以免加重脾胃负担，导致消化功能紊乱。

秋天，尤其是初秋要清补。所谓清补，就是在饮食上多吃富含营养而又不油腻的食品，具体而言就是多吃利湿清热和健益脾胃的食品，以调理盛夏以来较为虚弱的脾胃功能，为中秋、晚秋和冬季进补打下基础。不妨多吃红小豆粥、绿豆粥、薏米粥、荷叶粥、红枣山药粥、莲子粥、扁豆粥等。

秋季清补要远离过于温热的药物或者食品，比如狗肉、羊肉、肉桂、人参和鹿茸等，以免加重秋燥症状。秋补还要坚持对症而补的原则，要对自己的体质有一个清醒认识，在医生的辨证下科学进补。

2. 少辛多酸，滋润肝肺

按照中国传统中医学理论，从立秋到立冬的三个月，属于秋季。秋天多风干燥，燥是秋天的主气，燥气很容易对肺部造成损害。因此，在食物的选择上，要注重食补对于人体器官的平衡。

秋天肺气太盛，而肝气较弱，因此要坚持少辛多酸的饮食原则，减辛以平肺气，增酸以助肝气，以防肺气太过胜肝，使肝气郁结。

补肺润燥，要多吃富含水分的食品，比如水果、蜂蜜、芝麻等，以补充身体水分，对抗秋燥天气，防治唇部开裂等干燥天气对人的损害。再者，这些含水易消化的食品，还能有效补益肺阴，避免肺部遭受秋燥损害，诱发各种疾病。

下列食物都是秋天平肺助肝的佳品：葡萄、萝卜、芝麻、糯米、蜂蜜、荸荠、梨、柿子、百合、甘蔗、莲子、菠萝、乳品、香蕉、银耳等。

3.营养均衡，对抗秋燥

第一，要多喝盐水和蜜水。秋高气爽，风大天干，要多喝水，防止皮肤干燥开裂，避免外邪入侵，维持体内水分的代谢平衡。

早晨一杯淡盐水，晚间一杯蜂蜜水，既能有效补充人体水分，又能防治便秘，是食疗养生抵抗衰老的良好习惯。

第二，要多吃蔬菜。秋天蔬果丰富，绿叶菜、冬瓜、萝卜、苹果、西葫芦、茄子、香蕉等，都是秋天宜吃的蔬果，能有效补充体内矿物质和维生素，中和体内的酸碱平衡，清热解毒，促进健康。

第三，要多吃富含蛋白质的食品，比如豆类食品等，少吃油腻肥厚的食品。秋天天干气燥，少吃葱、姜、蒜、韭、尖辣椒等辛辣食品，少吃或者不吃烧烤油炸食品，以免增加秋燥症状。

第四，不要饮食过量。秋天身体状况变好食欲增加，尤其要节制食欲，以免热量摄入过量，转化成脂肪导致肥胖。俗语有"长秋膘"之说，长秋膘是饮食过量的结果，尽量避免。

第五，要适度吃些水果，对付温燥。立秋之后虽然天气凉爽，但是8月、9月会有短暂的回热天气，谓之"秋老虎"，一般持续一周到半个月不等，给人暑热难耐的感觉。"秋老虎"来临，高温少雨、天晴干旱、空气干燥，温燥不请自来。这种天气对于人体津液消耗很大，引发口干少津、毛发干枯、皮肤干燥枯裂、胸痛干咳、大便干结和咽干少痰等症状。

这个时节人们一般多吃瓜果用来清火，这样会增加肠胃负担，导致体内糖分代谢的紊乱，反倒不利于健康。对付"秋老虎"，抑制温燥，水果进食要适度，不可过量，科学合理的润燥。

4. 远离生冷，保护胃气

秋天天气变凉，要注意保护胃气。秋天宜吃温性食品，避免生冷寒凉食品。常言道"秋瓜坏肚"，就蕴涵了这种食疗养生常识。秋天进食寒凉生冷瓜果食品，容易影响肠胃功能，造成消化不良，导致湿热内积、毒素聚集体内，引发腹泻、痢疾等各种肠道消化疾病。

二、秋补四大宝

百合、大枣、红薯和枸杞是秋补的四大宝物，下面一一介绍。

1. 百合

百合是法国、梵蒂冈的国花，因其外表高雅纯洁，素有"云裳仙子"的美名。按照中国的传统文化，百合的名字也富含"百年好合"和"百事合意"的福祉文化内涵，所以备受人们喜爱，自古以来就是婚礼上不可缺少的吉祥花。

百合又名喇叭花、六瓣花、卷丹、蒜脑薯等，种类繁多。因为百合的茎部由多数肉质鳞片包合而成，所以称为百合。

百合有干品和鲜品两种，含有丰富的维生素、蛋白质、钙铁磷以及脂肪等，是老幼咸宜的养生保健佳品。

百合具有滋阴清热、清肺润燥和健益脾胃、镇咳平喘、清心安神的作用，是难得的秋补佳品；百合味道甘苦，品性微寒，入心肺二经，更是清补之品。

食用举例：

银耳百合粥

【材料】
百合和粳米各 60 克，银耳适量，白糖 6 克。

【做法】
粳米淘洗干净，百合洗净，银耳泡发洗净，一起煮粥，放入白糖搅匀即可。
养颜润肤、安神解烦，是秋补佳品。

白果百合炒

【材料】
白果、百合和青辣椒各适量，食油、精盐、味精、水淀粉各少许。

【做法】
白果洗净开水焯一下；百合洗净；青椒洗净切丝。一起入油锅煸炒，勾芡即可。
具有润肺止咳的作用，适合老年人食用，是秋补佳品。能保护血管、预防冠心病、大脑中风和动脉粥样硬化。

2. 大枣

大枣又名红枣、枣子和干枣，富含大量糖分、脂肪、胡萝卜素、蛋白质、维生素以及钙磷铁、环磷酸腺苷等，大枣中所含的维生素 C 在同类果品中最多，素有"维生素之王"的美称。

大枣味道甘美，不仅是进食佳品，也是治病良药，更是秋补佳品。大枣具有补气益血、保护肝脏和降低血脂的作用，对于初秋的脾胃虚弱、气血不足等都有很好疗效。大枣对于慢性肝炎、贫血、肝硬化以及过敏性紫癜都有良好的辅助疗效。

大枣品性偏湿热，不宜多食；有内湿热症状的患者不宜食用，否则会出现胃胀、寒热口渴等不良反应。

食用举例：

枣米粥

【材料】

红枣 6 克，粳米 120 克。

【做法】

红枣温水浸泡洗净，粳米淘洗干净，一同煮粥。

此粥清淡甘甜，具有养血安神和补益脾胃的作用，能滋阴养颜，是秋补食疗佳品。

百合红米粥

【材料】

江米 200 克，百合 6 克，红枣 7 枚，白糖适量。

【做法】

江米淘洗干净，红枣温水浸泡洗净，百合洗净。一起煮粥，入白糖搅匀。

此粥适合女性食用，是秋补佳品。具有补血安神、清热安神和抑制虚火上升的作用。

红枣养颜汤

【材料】

红枣 50 克、水发黑木耳 100 克、白糖适量。

【做法】

红枣温水浸泡洗净，黑木耳洗净，一起煮烂，放白糖调匀。

此汤是秋补佳品，具有润肺健脾、止咳补损和补益五脏的作用。

3. 红薯

红薯学名甘薯，又称白薯、番薯、地瓜、山芋、红苕等。红薯富含淀粉、纤维素、维生素、镁、磷、钙等矿物元素和亚油酸等。红薯中富含的上述营养物质能有效保持血管弹性、阻止糖分转化为脂肪、预防和治疗老年便秘等，是糖尿病患者、肥胖患者和便秘患者的最佳食品。红薯有"抗癌之星"的美称，居 20 种抗癌蔬菜之首。

红薯味道甘甜品性平和，十分适合秋天食用。具有补中和血、益气生津、消除脾虚水肿、润肠通便的作用。

食用提醒：

第一，红薯中富含大量赖氨酸，比白面、大米高得多，两者同吃，能给人体带来全面的蛋白质补充。红薯的营养价值是蔬菜中的佼佼者，欧美人赞誉红薯是"第二面包"，法国人称它为"高级保健食品"，这都肯定了红薯的营养保健价值。

第二，红薯要蒸熟食用，否则食用后难以消化，会产生不适感。

第三，红薯中含有氧化酶物质，食后容易在肠道产生二氧化碳气体。一次进食过多，会有腹胀、放屁和呃逆症状。红薯富含大量糖分，多吃容易刺激胃酸，产生"烧心"的不适感。

禁忌：柿子不宜和红薯同食；湿阻脾胃、气滞食积者慎食。

食用举例：

红薯百合粥

【材料】
百合、红薯、青豆、大米、冰糖各适量。

【做法】
红薯洗净切片，大米、青豆和百合洗净，一起煮粥，调入冰糖即可。
秋补两宝百合、红薯搭配，营养价值极高，具有去燥润肺、滋阴养颜的作用。

薯炒黄瓜

【材料】
红薯、幼嫩小黄瓜、香菜叶、葱段和蒜沫各适量，食油、盐和鸡精少许。

【做法】
红薯、黄瓜洗净切成块。油锅放油烧至四成热时，放入葱段、蒜沫炒味，放入红薯片炒五成熟，再放入黄瓜翻炒。加适量清水，放食盐和鸡精，汤汁收干时即可。
具有补虚、健脾和强肾的作用，是秋令食疗佳品。

4. 枸杞

枸杞子名称繁多，是一种最为常见、最为常用的食疗保健品，也是一味疗效显著的中药材。枸杞子外表鲜红，味道甘甜。我国的《本草纲目》中称枸杞子"久服坚筋骨，轻身不老，耐寒暑"。

枸杞子具有养肝明目、生津止渴、补肾益精、润肺止渴和补血安神的功效，是秋令进补之佳品。秋天气候干燥，皮肤容易干裂起屑。这个时节适当进食枸杞子，能有效滋润肌肤。枸杞子搭配酸性食品如山楂等，具有"酸甘化阴"的良效。

禁忌：高血压和个性急躁的人不要食用。

食用举例：

枸杞银耳汤

【材料】

枸杞 25 克，水发银耳 150 克，冰糖 25 克，白糖 50 克。

【做法】

银耳入温水浸泡 1 小时洗净，剔去杂质；枸杞子温水浸泡洗净。适量水旺火烧开，放入冰糖、白糖，开锅后撇去浮沫，糖汁变成清白颜色时放入枸杞子和银耳，炖至银耳有胶质时，倒入大汤碗内。

具有滋补健身的作用，是秋季清补佳品。

枸杞爆河虾

【材料】

河虾 500 克，枸杞子 30 克，食油、葱沫、姜沫、白糖、料酒、精盐、味精各适量。

【做法】

枸杞子温水浸泡洗净；河虾去须，洗净沥干水分。枸杞子 15 克煎汁，余下的 15 克放小碗内，隔水蒸熟。河虾分两次入油锅，炒至虾壳发脆时即可捞出。锅底留少量油，放入葱沫、姜沫、白糖、料酒、精盐、味精和煎好的枸杞子汁液，烧至汤液浓稠时，放入河虾和隔水蒸好的枸杞子，翻动几下，淋麻油即可。

具有温肝补肾和益气助阳的作用，对于早泄遗精、小便频数、失禁和肝肾虚寒等都有疗效，是秋令时节的食补佳肴。

三、秋令蔬果食养经

秋令时节是收获的季节，物产丰美，蔬果多样。下面介绍秋令时节最常食用的食品的营养价值、食疗功效和食用禁忌。

1. 柿子

柿子是秋天的时令果品，我国民间素有"7月核桃、8月梨、9月柿子上满集"

的说法。9 月霜降后，柿子开始上市。

营养成分：柿子营养价值十分丰富，每 100 克可食部分含有水分 80.6 克、蛋白质 0.4 克、脂肪 0.1 克、膳食纤维 1.4 克、糖类 17.1 克、钙 9 毫克、磷 23 毫克、铁 0.2 毫克、锌 0.08 毫克，还含有胡萝卜素 0.12 毫克、维生素 B 0.02 毫克、维生素 B、尼克酸 0.3 毫克、维生素 C 30 毫克等营养成分。

食疗价值：中医认为，柿子性寒味甘温而涩，具有清热止渴、润肺化痰、健脾涩肠、凉血止血、平肝降压、镇咳等功效。可用于干热渴、咳嗽、吐血、口疮、痔疮、肿痛、肠出血等症。

食用禁忌：

（1）吃完柿子后，不可立即喝凉水，也不能哭闹生气。

（2）柿子不能和螃蟹、白薯、红果及鱼虾同食。

（3）空腹不宜食用。

（4）糖尿病人不宜食用。

2. 萝卜

初秋的萝卜含有大量水分，营养丰富，是防秋燥的佳品。秋天萝卜赛水梨，就是说秋天进食萝卜，能润肠补水，去除盛夏带来的心火。

营养成分：萝卜的营养丰富，每 100 克中含水分 93.9 克、蛋白质 0.8 克、脂肪 0.1 克、膳食纤维 0.6 克、糖类 4 克、灰分 0.6 克、胡萝卜素 20 微克、维生素 B_1 0.03 毫克、维生素 B_2 0.06 毫克、尼克酸 0.6 毫克、维生素 C 18 毫克、钙 56 毫克、磷 34 毫克、铁 0.3 毫克等营养物质。此外，还含有淀粉酶、苷酶、氧化酶、触酶等多种酶类。

食疗价值：民间素有"十月萝卜小人参"的谚语，充分表明了萝卜的食疗价值。李时珍在《本草纲目》中称萝卜"可生可熟，可菹可酱，可豉可醋，可糖可腊，可饭，乃蔬中之最有利益者"。

萝卜具有消食顺气、醒酒化痰、治喘止渴、利尿散淤和补虚的功效。萝卜可用于食积胀满、咳嗽多痰、胸闷气喘、消渴、吐血、衄血、痢疾、偏正头痛等症。

萝卜含有芥子油，是辛辣味调料的来源，芥子油和萝卜中的酶类相互作用，能促进胃肠蠕动，增进食欲，帮助消化。

萝卜具有很强的抗癌防癌功能：萝卜含有一种能将致癌的亚硝胺分解掉的酶，并且含有大量的维生素 C，能保持细胞屏障结构的完整，可抑制体内癌细胞的生长。由于萝卜中的膳食纤维能刺激肠胃蠕动，可以减少粪便在肠道内停留的时间，保持大便通畅，使粪便中的致癌物质及时地排出体外，预防肠癌的发生。

烹饪提醒：萝卜脆嫩多汁，既可当作水果生食，又可凉拌或熟食，适应多种烹法，常用于烧、炖、拌、煮等，还可采用腌、酱、泡、晒干的加工方法，做成多种萝卜制品，随时可吃。

食用禁忌：萝卜具有很强的理气作用，正在服用人参等补气药物者不宜食用。

3. 河蟹

秋季是河蟹大量应市之时，其肉质肥美，味道鲜嫩，秋天是吃河蟹的佳期。河蟹常居通海的江、河、湖、荡泥岸，主要分布于渤海、黄海、东海、长江流域和湖北沿江各地。

营养成分：河蟹肉白细嫩，鲜美无比，每100克中含有水分75.8克、蛋白质117.5克、脂肪2.6克、糖类2.3克、钙208毫克、磷142毫克、铁1.6毫克、锌3.32毫克。此外，还含有维生素A 0.389毫克、维生素B 0.01毫克、维生素B_2 0.1毫克、尼克酸2.5毫克、维生素E 2.99毫克等营养成分。

食疗价值：中医认为，河蟹性寒，味咸，具有清热散结、通脉滋阴、补益肝肾、生精益髓、和胃消食、散热通络、强壮筋骨等功效。河蟹可用于跌打损伤、产后腹痛、黄疸、眩晕、健忘、疟疾、膝疮、烫火伤、风湿性关节炎、腰酸腿软、喉风肿痛等症。现代医学研究表明，蟹肉可提高人体的免疫功能，蟹壳中所含的甲壳素可增强抗癌药的作用，降低血胆固醇的水平。

烹饪提醒：

（1）河蟹在淤泥中生存，以动物尸体或腐殖质为食，因而蟹的体表、鳃和胃肠道中分布满了各类细菌和污泥。食用前应先将蟹的体表、鳃、脐洗刷干净，蒸熟煮透后再食用。

（2）河蟹往往带有肺吸虫的囊蚴和副溶血性弧菌，烹饪时高温消毒。食蟹要蒸熟煮透，一般开锅后再加热30分钟才能起到消毒作用。

（3）吃蟹时应当注意四清除：

第一，清除蟹胃，蟹胃俗称蟹屎包，在背壳前缘中央似三角形的骨质小包，内有污沙；

第二，清除蟹肠，即由蟹胃通到蟹脐的一条黑线；

第三，清除蟹心，蟹心俗称六角板；

第四，清除蟹鳃，即长在蟹腹部如眉毛状的两排软绵绵的东西，俗称蟹眉毛。这些部位既脏又无食用价值，切勿乱嚼一气，以免引起食物中毒。

食用禁忌：

①蟹肉性寒，不宜多食，脾胃虚寒者尤应引起注意，以免腹痛腹泻。

②吃蟹时和吃蟹后1小时内忌饮茶水，因为开水会冲淡胃酸，茶会使蟹的某些成分凝固，均不利于消化吸收，还可能引起腹痛腹泻。

③河蟹不宜和柿子同吃。柿子中含有大量的柿胶酚、单宁和胶质等成分，这些物质遇到胃酸后会凝结成不能溶解的硬块，不容易消化吸收。蟹肥正是柿熟时，有些人吃了蟹之后又去吃柿子，结果出现恶心、呕吐、腹痛、腹泻等症状，这是由于柿子中的鞣酸与蟹肉中的蛋白质相遇，形成凝块凝积于胃中所致，使人出现不适。

④过敏体质者，患有皮肤湿疹、癣症、皮炎、疮毒等皮肤病患者，脾胃虚寒者，冠心病、高血脂症、高血压、动脉硬化症、慢性胃炎、十二指肠溃疡、胆囊炎、胆结石症、肝炎活动期、伤风发热、胃痛和腹泻的病人，忌食河蟹。

4. 花生

花生一般在农历九月、十月上市，应时佳品。

营养成分：花生米被誉为"植物肉"，它营养丰富，每100克花生米中含有水分8克、蛋白质26.2克、脂肪39.2克、糖类22克、粗纤维2.5克、钙67毫克、磷378毫克、铁1.9毫克、胡萝卜素0.04克、维生素B 11.03毫克、维生素B_2 0.11毫克、尼克酸10毫克、维生素C 2毫克，以及少量的磷脂、嘌呤、生物碱、三萜皂苷和矿物质等。花生蛋白质属于优质蛋白，容易被人体吸收，消化系数高达90%左右。

食疗价值：中医认为，花生米煮熟性平，炒热性温，具有和胃、润肺、化痰、补气、生乳、滑肠的功效，可治营养不良、咳嗽痰多、产后缺乳等症，对慢性肾炎、腹水、声音嘶哑等病也有辅助治疗的作用。

食用禁忌：

①发霉花生危害极大，含有致癌的黄曲霉素，禁止食用；

②一次不可食用过多，否则引起消化不良，加重肾脏负担；

③高脂血症患者；胆囊切除者；肠炎、痢疾、消化不良等脾弱者；跌打损伤、

血脉瘀滞者；口腔炎、舌炎、口舌溃疡、唇疱疹、鼻出血等内热上火者不宜多吃。

5. 山楂

秋季是山楂收获的季节，山楂大量上市，是新鲜的时令佳品。

营养成分：山楂营养丰富，每100克可食部分中含有水分73克、蛋白质0.5克、脂肪0.6克、膳食纤维3.1克、糖类22克、钙52毫克、磷24毫克、铁0.9毫克、锌0.28毫克，还含有胡萝卜素0.1毫克、维生素B_1 0.02毫克、维生素B_2 0.02毫克、尼克酸0.4毫克、维生素C 53毫克，以及山楂酸、酒石酸、柠檬酸、黄酮类物质等。

食疗价值：山楂味酸、甘，性微温，具有消积食、散瘀血、驱绦虫、止痢疾、化痰浊、解毒活血、提神醒脑、清胃等功效。山楂可用于肉积、痰饮、泻痢、肠风、腰痛、疝气、产后恶露不尽、小儿乳食停滞等症。现代药理学研究表明，山楂中含有三萜类和黄酮类的药物成分，具有扩张冠状动脉、增加心肌收缩力、减慢心率和改善血液循环的功能，并具有降低血清、胆固醇、血压，利尿，镇静的作用。

壮荆素是山楂所含有的黄酮类化合物，这是一种具有抗癌作用的药物成分。山楂中的槲皮黄苷具有扩张气管、促进气管纤毛运动、排痰平喘之效，有利于气管炎患者的治疗。焦山楂及生山楂均有很强的抑制福氏痢疾杆菌、宋内氏痢疾杆菌、变形杆菌、大肠杆菌、绿脓杆菌、金黄色葡萄球菌的作用。

烹饪提醒：煮山楂等果品不宜用铁锅，最好用沙锅或瓷器。因为用铁锅煮山楂等果品，果酸溶解出来后可与铁锅产生化学反应，生成低价铁化合物，人吃了也会引起中毒，患者可在食后3小时内出现恶心、呕吐、紫绀等症状。

食用禁忌：

①一次不宜进食过多，否则容易损伤牙齿、损耗精气和有饥饿感；

②孕妇、儿童、胃溃疡患者、低脂肪者不宜食用；

③服用人参等补品时不宜吃山楂及其制品，以防止其抵消人参的补气作用。

6. 梨子

农历九月梨子成熟上市，是秋令应时水果。

营养成分：鲜嫩多汁，酸甜可口，营养价值也很高。每100克可食部分中含有水分90克、蛋白质0.4克、脂肪0.1克、膳食纤维2克、糖类7.3克、磷12毫克，还含有维生素B 0.01毫克、维生素B_2 0.04毫克、尼克酸0.1毫克、维生素C 1毫克，以及柠檬酸和苹果酸等有机酸。

食疗价值：梨子不仅是含水量极高的水果，也是药用价值极高的中药材，梨肉、梨皮和梨子分别有不同的药用食疗价值。

梨肉：具有清热化痰、生津润燥等功效，对于热病热咳、消渴症、伤津烦渴、痰热惊狂、口渴失音、噎嗝、眼赤肿痛、消化不良等都有良好的辅助疗效。

梨皮：有清心、润肺、降火、生津、滋肾、补阴功效。根、枝、叶、花有润肺、消痰清热、解毒之功效。

梨籽：梨子含有木质素，是一种不可溶纤维，能在肠子中溶解，形成像胶质的薄膜，能在肠子中与胆固醇结合而排除。梨子含有硼可以预防妇女骨质疏松症。硼充足时，记忆力、注意力、心智敏锐度会提高。

食用禁忌：

①梨性偏寒助湿，多吃会伤脾胃，故脾胃虚寒、畏冷食者应少吃；

②梨含果酸较多，胃酸多者，不可多食；

③梨有利尿作用，夜尿频者，睡前少吃梨；

④血虚、畏寒、腹泻、手脚发凉的患者不可多吃梨，并且最好煮熟再吃，以防湿寒症状加重；

⑤梨含有糖量高，糖尿病者当慎用；

⑥梨含果酸多，不宜与碱性药同用，如氨茶碱、小苏打等，梨不应与螃蟹同吃，以防引起腹泻；

⑦用以止咳化痰者，不宜选择含糖量太高的甜梨。

四、食疗妙法抗秋燥

秋燥是秋天的"时令病"。燥，是中医的六种外因致病因素之一。秋燥容易损伤人体津液，人体变得口鼻干燥、皮肤干燥、唇部起皮开裂、便秘、干咳和胁痛等。秋燥的起因，一是偏寒所致，二是偏热所致，所以在临床上分为凉燥和温燥两种类型。

凉燥：秋凉燥气入侵，肺部遭受寒燥侵袭而津液受损所诱发的病症，具体表现为恶寒无汗、头痛身热、耳鸣鼻塞，和风寒感冒的症状相似。但是凉燥有津液干燥的现象，比如两胁窜痛、嘴唇干燥、胸闷气逆、连续干咳、舌苔薄白而干、皮肤干痛等症。

温燥：秋凉亢旱入侵，肺部遭受燥热侵袭而诱发的病症。具体表现为咳痰多稀、干咳无痰、头痛身热、咽喉干痛、气逆而喘、鼻干唇燥、胸闷胁痛、心烦口渴、舌苔白薄而燥、舌边尖俱红等症。

对抗秋燥除了药物调养之外，饮食调养也是最安全、最根本的养生方式。

生地连翘水

【材料】

生地18克、连翘12克、石膏24克、薄荷3克、甘草3克、草决明15克。

【做法】

沸水冲泡。

具有润燥清火的作用，对于耳鸣目赤和牙龈、咽喉肿痛症状都有很好疗效。

麦冬冰糖水

【材料】

麦冬12克、沙参10克、玉竹10克、生地18克、冰糖3克。

【做法】

沸水冲泡。

具有生津益胃的功效，对于舌燥唇干、食欲不振、舌红无苔和热病后胃津未复等症状都有很好的辅助疗效。

玄参甘草汁

【材料】

玄参和枳实各10克、麦冬15克、生地24克、桃仁和厚朴各12克、甘草3克。

【做法】

上述原料一起煎汁饮用。

具有增液润燥的作用，对于便秘、口舌干燥和热病后津液枯竭等症有良好的辅助疗效。

生地黄芩汁

【材料】

生地和熟地各18克、当归15克、白芍、秦艽和防风各12克、甘草3克、黄芩10克。

【做法】

上述原料一起煎汁饮用。

具有滋燥养荣的功效，适用于皮肤褶皱和血虚生燥等症状。

芝麻粥

【材料】

黑芝麻和粳米各适量。

【做法】

黑芝麻淘洗干净后晾干炒熟，粳米淘洗干净。一起煮粥即可。

具有滋养肝肾的作用，适合肠燥便秘患者食用。

百合梨汤

【材料】

梨1个，百合、麦冬各10克，胖大海5枚，冰糖适量。

【做法】

梨洗净，去皮去核切块，和麦冬、胖大海、百合一起煮。梨八成熟时放入冰糖调匀即可。

具有滋阴清热和利咽生津的作用，是对抗秋燥的佳品。

蜂蜜萝卜汁

【材料】

萝卜汁30毫升，蜂蜜20毫克。

【做法】

温开水冲服。

具有健胃消食、清热解毒和化痰止咳的作用，能有效消解秋燥症状。

竹叶石膏粥

【材料】

粳米100克，鲜竹叶15克，麦冬20克，生石膏40克，砂糖适量。

【做法】

将生石膏、竹叶和麦冬煎汁去渣，留药液150毫升；粳米淘洗干净。粳米放入药液中，加适量水煮粥，放入砂糖调匀即可。

具有消解咽干口燥和清热养阴的功效。

芡实莲藕羹

【材料】

莲藕和荸荠各100克，芡实60克，大枣20枚。

【做法】

大枣温水浸泡洗净去核，芡实、荸荠和莲藕捣碎，和大枣一起加水煮糊，放入冰糖适量调匀。

对于秋燥引起的大便干结、口渴咽燥、食欲不振和小便短赤等有明显疗效。

双银汤

【材料】

银耳、白萝卜、鸭汤各适量，食盐、味精各少许。

【做法】

萝卜洗净切丝，银耳泡发洗净，一起放入鸭汤中清炖，稍微炖一下即可，不要时间过长。放少许食盐、味精调味即可。

是老少皆宜的秋令防燥佳品，具有补益肺气、清热祛痰的作用，适合口干舌燥爱上火的人食用。

养生提示：好习惯，防秋燥

第一，秋天的昼夜温差大，要注意适时增减衣服，高温时不宜赤膊露体，温度较低时也不易衣着太厚太暖。

第二，多喝白开水和饮料，适时补充体内水分，饮水要少量多饮。莲子、百合和蜂蜜都是解渴补水的清补佳品，可以适当食用。

第三，少吃辛辣油炸食品，以免助燥伤阴，助长秋燥症状。

第四，保持心情愉快，心态平衡，少动肝气，以免损耗阴津。

五、巧用饮食防燥咳

秋天天气干燥，容易出现口干舌燥、咽喉干痒，引发燥咳。燥咳的主要症状表现为干咳不止、无痰或者少痰、口痒咽干、声音嘶哑、痰中带血丝、舌红少津等。下面介绍几款饮食菜谱，让你在享受美食的过程中消除燥咳。

杏仁炖雪梨

【材料】

甜杏仁 15 克，雪梨 1 个，加冰糖 20 克。

【做法】

甜杏仁温水浸泡，去皮碾碎；雪梨洗净去皮去核，连同冰糖一起放入碗内，加适量清水，锅内隔水炖 1 小时即可，每天早晚各服用 1 次，连续服用 3～5 天。

有效消除秋燥引起的干咳，具有润肺生津的作用。

雪梨白藕汁

【材料】

雪梨、白藕各适量。

【做法】

雪梨洗净去皮去核；等量白藕去节，切碎榨汁，滤渣。

生津解渴，治疗燥咳。

白蜜萝卜汁

【材料】

白萝卜汁 50 毫升，白蜂蜜 20 毫升。

【做法】

白萝卜汁加蜂蜜调匀即可。

生津润肺，止咳化痰，是治疗燥咳的佳品。

贝母冰糖汁

【材料】

川贝母粉 15 克，冰糖 20 克。

【做法】

加水 150 毫升一起煮半个小时即可，早晚各服用 1 次。

具有生津润肺、止咳化痰的良效。

银耳炖冰糖

【材料】

银耳 5 克，冰糖 30 克。

【做法】

银耳温水浸泡 1 小时后洗净撕碎，和冰糖一起煎汁煮炖。喝汤吃银耳，睡前服用。

有效治疗秋燥引起的干咳症状。

鸭梨粥

【材料】

鸭梨 3 个，大米 50 克。

【做法】

鸭梨洗净去皮去核切块，加水煎汁煮炖半个小时，滤去渣滓。大米淘洗干净，放入梨液中煮粥，趁热随量食用。

具有清心火、润肺止咳的效果，对于肺热咳嗽有很好的辅助疗效。

雪梨南杏瘦肉汤

【材料】

雪梨1个，南杏仁、瘦猪肉各适量。

【做法】

雪梨洗净去皮去核切块；南杏仁温水浸泡洗净；瘦肉洗净切丝；上述原料一起煲汤两个小时即可。

具有润肺生津、清热化痰和止咳润燥的良好效果，是对付秋燥干咳的佳品。

菜干鸭肾蜜枣汤

【材料】

腊鸭肾4个，猪瘦肉100克，白菜干250克，蜜枣5个，食盐、味精适量。

【做法】

瘦猪肉洗净切片，白菜干温水浸泡洗净切段；腊鸭肾用温水浸软，切片。上述原料

六、秋季润肺食疗菜谱

松子粥

【材料】

松子仁50克，粳米50克，蜂蜜适量。

【做法】

粳米淘洗干净；松子仁洗净研碎。一同煮粥，粥成后放入蜂蜜搅拌均匀即可。早晨空腹食用1次，睡前1次。

具有润肺、生津、补虚和滑肠通便的效果。是抑制秋季肺燥的佳品。同样适合女性产后体虚、中老年人体弱早衰者食用。对于头晕目眩、咳嗽咳血和慢性便秘都有良好的辅助疗效。

加水一起煮炖，旺火开锅后文火慢炖两三个小时，加入食盐、味精调味即可。

具有止咳生津、清燥润肺的作用，对于咽喉干燥、口渴欲饮和干咳无痰等症状都有很好的疗效。

太子参百合瘦肉汤

【材料】

太子参100克，百合50克，罗汉果半个，猪瘦肉150克，食盐、味精、麻油各适量。

【做法】

猪肉洗净，开水焯去血污腥膜；百合温水浸泡洗净；罗汉果和太子参洗净。将百合、太子参和罗汉果放入锅内加水适量，旺火开锅后放入瘦肉，改用小火慢炖一两个小时，放入食盐、味精、麻油调味即可。

具有清润肺燥和益气生津的良好功效。对于秋燥干咳、口干欲饮、咽干气短、气虚肺燥和燥热伤肺等症状都有疗效。

南杏猪肺汤

【材料】

猪肺1个，南杏仁15～20克，食盐、味精、料酒和麻油各适量。

【做法】

猪肺洗净，将猪肺器官中的泡沫用手挤出来，切片，入开水焯去血污腥膜。南杏仁温水浸泡洗净。猪肺和南杏仁一起入沙锅煮炖，放入食盐、味精、料酒和麻油调味即可。

南杏仁有很好的润燥功能，它富含蛋白质、糖分、脂肪油、苦杏仁苷、扁豆苷和杏仁

油等营养物质。

此汤对于秋冬干燥气候引起的肺气不开、干咳无痰、大便干结、喉咙干燥和燥热咳嗽均有良好的辅助疗效。

烹饪提醒：南、北杏仁有区别，此款食疗材料用的是南杏仁。南杏仁（甜杏仁）无毒，常作小吃用；北杏仁（苦杏仁）常作中药原料用，过量食用会出现中毒症状。

沙参玉竹老鸭汤

【材料】

老鸭 1 只，沙参和玉竹各 30 ～ 50 克。食盐、味精、料酒和麻油各适量。

【做法】

老鸭去毛去内脏洗净，开水烫去血污。老鸭和玉竹、沙参一起放入锅中，文火煲汤 1 小时，调味即可。

对于润肺、治疗肺燥、干咳等有很好的辅助疗效，是秋季润肺滋补的佳肴。

烹饪提醒：一定要选老鸭，是这道菜的关键。

莲子百合煲瘦肉

【材料】

猪瘦肉 250 克，百合和莲子各 30 克。

【做法】

猪肉洗净切块，和百合、莲子一起隔水炖熟，加调料调味即可。

具有润燥养肺的良好功效，上述三种原料搭配起来，营养丰富。对于神经衰弱、失眠心悸都有辅助疗效，是滋补强壮的佳品。

烹饪提醒：所谓隔水炖，就是锅内放水，原料放在碗、盆等容器中加盖，放锅内，将原料和水隔开炖的一种烹饪方法。

冰糖银耳羹

【材料】

银耳 10 ～ 12 克，冰糖适量。

【做法】

银耳泡发洗净，挑去杂质撕碎，和冰糖一起放碗内，加清水适量一起隔水炖两三个小时即可。

此羹是去燥润肺的佳品，具有滋阴去烦、生津止渴的功效。对于秋冬时节引发的燥咳也有疗效，同时还是体质虚弱者的滋补佳品。

七、秋季去燥润肤的食养菜谱

秋燥使人皮肤干燥缺乏光泽，下面几款去燥润肤食养菜谱，能让你吃出滋润和美丽，是秋季的食养佳品，不妨一试。

柿饼润肤方

【材料】

秋季新鲜成熟的柿子适量。

【做法】

柿子洗净，去皮压扁，日晒夜露（谨防雨淋），晒干成柿饼即可。每天食用 2 次，每次吃柿饼两个。

长期食用，对于秋燥引起的肌肤干燥有滋润作用。此法也有美肤美容的功效。

参姜蜂蜜茶

【材料】

花旗参 25 克，鲜姜 2 片，蜂蜜 2 汤匙，清水适量。

【做法】

花旗参开水冲过，沥干水分后切成薄片；姜片洗净。姜片和参片一起入沙锅，加清水适量煎煮 10 分钟，停火后焖 10 分钟，滤渣取汁，加入蜂蜜调匀即可。每天 1 次，连续饮用 15 天。

长期饮用，具有美肤养颜的效果，能有效对抗秋燥所致的皮肤缺水干燥。

番茄饮

【材料】

红薯、番茄各 150 克，生梨 1 个，蜂蜜适量。

【做法】

红薯洗净去皮切块；生梨 1 个洗净去皮去核切块；番茄洗净切块。上述三原料榨汁，滤渣取汁，加入蜂蜜调匀即可。每天 1 剂，可以长期饮用。

具有润肤美容功效，能给秋燥之下的皮肤带来湿润和柔滑。

香菇炒樱桃

【材料】

鲜樱桃 40 颗，豌豆苗 40 克，水发香菇 70 克，湿淀粉、料酒、味精、酱油、精盐、白糖、熟菜油、姜汁、香油各适量。

【做法】

豌豆苗拣去杂质洗净；樱桃洗净；水发香菇拣去杂质，择去根，洗净切片。炒锅放油烧热，香菇煸炒，加入适量清水和姜汁、酱油、料酒、精盐和白糖，旺火开锅后改用小火慢炖片刻。将豌豆苗放入炒锅内，淀粉勾芡淋入搅匀，放入樱桃和麻油，调入味精即可。

尤其适合秋天食用，对于秋燥导致的皮肤干燥少光泽，有很好的疗效。长期食用可以润肤美容。